玉米田间宝典丛书

# 南方地区甜、糯玉米田间种植手册 第二版

李少昆 刘永红 李 晓 胡建广 侯本军 王桂跃 等 著

中国农业出版社

# 撰 写 人 员

**李少昆　谢瑞芝**（中国农业科学院作物科学研究所）

（联系地址：北京市海淀区中关村南大街12号，中国农业科学院作物科学研究所，邮编100081）

（E-mail：lishaokun@caas.cn 或 shaokun0004@sina.com）

**刘永红　杨　勤　柯国华**（四川省农业科学院作物研究所）

**李　晓　崔丽娜**（四川省农业科学院植物保护研究所）

**胡建广**（广东省农业科学院作物研究所）

**侯本军　孟卫东**（海南省农业科学院粮食作物研究所）

**王桂跃**（浙江省东阳玉米研究所）

**王子明**（广东省农业厅农业技术推广总站）

**王晓明**（仲恺农业工程学院）

**陈新平**（中国农业大学资源与环境学院）

**陈山虎**（福建省农业科学院作物研究所）

**袁建华**（江苏省农业科学院粮食作物研究所）

**陆卫平**（扬州大学农学院）

**朱明华**（江苏省海门市作物栽培技术指导站）

**陈志辉**（湖南省农业科学院作物研究所）

**王黎明**（湖北省恩施土家族苗族自治州农业科学院）

**任　洪**（贵州省农业科学院旱粮研究所）

**王秀全**（四川省绵阳市农业科学院）

**郑祖平**（四川省南充市农业科学院）

**杨　华**（重庆市农业科学院玉米研究所）

**黄必华**（云南省德宏傣族景颇族自治州农业科学研究所）

**黄吉美**（云南省曲靖市农业科学院）

**程伟东**（广西壮族自治区农业科学院玉米研究所）

**石　洁**（河北省农林科学院植物保护研究所）

**赖军臣**（新疆生产建设兵团农六师农业局）

致谢：广东省阳春市、茂名区、徐闻县，上海市浦东新区，浙江省诸暨市、东阳市，四川省简阳市、崇州市、青神县、中江县、三台县、剑阁县、会理县、盐源县、仪陇县、广安区，重庆市江津区、武隆县，贵州省桐梓县、息烽县、兴仁县，广西壮族自治区来宾市兴宾区、都安瑶族自治县、平果县，云南省芒市、会泽县、沾益县等市县农业局、农业技术推广中心，江苏省海门市作物栽培技术指导站，贵州省遵义市农业局土壤肥料站、植物保护站、农业技术推广站，广东省博罗县农业和林业局、广大甜玉米专业合作社，浙江省磐安县冷水镇潘潭村五谷神粮食专业合作社及陕西省汉中市农业科学研究所等单位相关专家和技术人员参加了本书稿的讨论。

# 目 录

MULU

# 第一部分 甜、糯玉米生长发育图解

## 一、生育期

从播种到新的子粒成熟为玉米的一生。一般将玉米从播种到成熟所经历的天数称为全生育期，从出苗至成熟的天数称为生育期，从出苗至鲜果穗采收所经历的天数称为有效生育期。生育期长短与品种特性和环境条件等因素有关。

某一品种整个生育期间所需要的活动积温（生育期内逐日 ≥10℃平均气温的总和）基本稳定，生长在温度较高条件下生育期会适当缩短，而在较低温度条件下生育期会适当延长。我国生产上鲜食甜、糯玉米熟期主要划分为早熟、中早熟、中熟3类。一般早熟品种叶片数14～17片，春播全生育期70～100天，夏播70～85天，需要≥10℃活动积温2 000～2 300℃，有效生育期为60～70天；中熟品种叶片数17～20片，春播全生育期100～120天，夏播85～95天，≥10℃活动积温2 300～2 600℃，有效生育期为75～90天；中早熟品种介于早熟品种和中熟品种之间（图1-1）。

我国幅员辽阔，不同种植地区生态条件差异较大，玉米生育期变化也较大。在我国南方地区，主要包括南方丘陵和西南山地丘陵2个玉米种植区。其中：

①南方丘陵玉米区包括广东、海南、福建、浙江、江西、上海、台湾等省（直辖市），以及江苏、安徽的南部，广西、湖南、湖北的东

**图1-1 不同播期甜玉米**

（2011年11月26日拍摄于广东徐闻县）

部，是我国甜、糯玉米种植的主要区域。本区属亚热带和热带湿润气候，气温较高，温差较小，降水充沛，霜雪很少，适宜玉米生长的日期为220～360天，平均无霜期274天。≥10℃活动积温6 221℃（90%置信区间为5 844～6 598℃），由北向南递增。一般3～10月平均气温20℃左右，适于玉米生长发育的有效积温时间在250天以上，南部地区可以种植春、夏、秋、冬四季玉米（图1-2）。

②西南山地丘陵玉米区包括四川、云南、贵州、重庆，以及陕西南部、广西、湖南、湖北的西部丘陵地区和甘肃省东南部的一小部分，本区气候、地形、生态条件复杂，90%以上的土地为丘陵山地和高原，河谷平原和山间平地仅占5%，种植模式复杂多样，甜、糯玉米春、夏、秋、冬季均有种植，种植区域从海拔几十米的河谷到3 200米的高山；年≥10℃活动积温平均为5 143℃（90%置信区间为4 847～5 439℃），不同地区的温度与积温差别明显，整体呈现从西北到东南逐步增高的趋势；全区平均无霜期258天，除部分高山地区外，无霜期一般在240～330天（图1-3）。

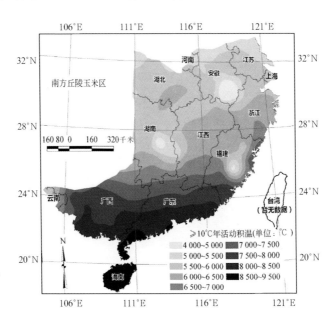

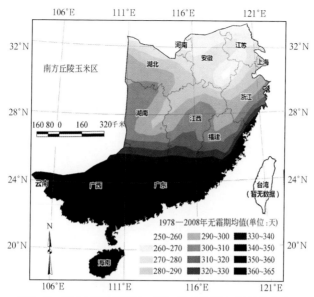

**图1-2 南方丘陵玉米区≥10℃活动积温与无霜期分布**

[≥10℃活动积温（1951—2008年）和无霜期（1978—2008年）为157个气象站点平均数据]

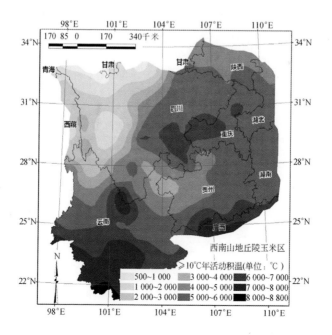

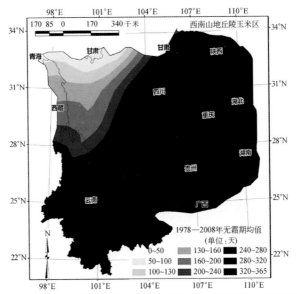

**图1-3 西南山地丘陵玉米区≥10℃活动积温与无霜期分布**

[≥10℃活动积温（1951—2008年）和无霜期（1978—2008年）为125个气象站点平均数据]

## 二、生育时期

玉米一生中，外部形态特征和内部生理及代谢均会发生阶段性变化，这些阶段称为生育时期。当50%以上植株表现出某一生育时期特征时，标志全田进入该生育时期（表1-1）。

**表1-1 玉米各生育时期**

| 播种期 | 出苗期 | 三叶期 | 拔节期 |
| --- | --- | --- | --- |
| 播种当天的日期（土壤墒情差时以有效降雨、滴水、浇蒙头水之日为准） | 第一真叶开始展开或幼苗出土高约2厘米的日期 | 第三片叶露出叶心2～3厘米，是玉米离乳期 | 雄穗生长锥伸长，植株近地面手摸可感到有茎节，茎节总长达到2～3厘米，一般处于6～8叶展开期 |

（续）

| 小喇叭口期 | 大喇叭口期 | 抽雄散粉期 | 吐丝期 |
|---|---|---|---|
|  | 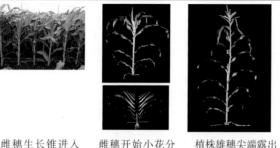 | |  |
| 雌穗生长锥进入伸长期，雄穗进入小花分化期，一般处于8～10叶展开期 | 雌穗开始小花分化，棒三叶甩出但未展开；心叶丛生，上平中空，侧面形状似喇叭，一般处于11～13叶展开期 | 植株雄穗尖端露出顶叶3～5厘米。一般抽雄后2～3天，花药开始散花粉 | 雌穗的花丝从苞叶中伸出3厘米左右 |

**灌　浆　成　熟**

从受精后子粒开始发育至成熟，统称为灌浆期。整个灌浆过程又可分为子粒建成期、乳熟期、蜡熟期和完熟期4个阶段，但甜、糯玉米鲜果穗一般在乳熟期采收

| 子粒建成期 | 乳熟期／采收期 | | |
|---|---|---|---|
|  | 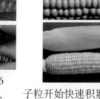 |  |  |
| 自受精起12～16天，子粒呈胶囊状、圆形，胚乳呈清浆状 | 子粒开始快速积累同化产物，在吐丝后17～30天，胚乳呈乳状后至糊状。鲜果穗采收期：甜玉米在吐丝后18～24天、糯玉米在吐丝后20～26天 | | |

注：部分图片由崔彦宏提供。

## 三、玉米的器官

玉米为禾本科一年生草本植物，其植株由根、茎、叶和雌穗、雄花序5个部分组成（图1-4至图1-6）。

玉米的根属须根系，分胚根和节根2种。胚根又称初生根、种子根，在种子萌发时，首先伸出主胚根，2～3天后从中胚轴基部盾

片（内子叶）节上长出3～7条次生胚根。胚根是玉米幼苗期养分和水分的主要吸收及支撑器官。幼苗2～3叶时，从着生第一片完全叶节间基部长出第一层节根，一般有4条，靠近胚芽鞘节，又称胚芽鞘根。随着茎的分化与生长，节根层数增加，根量增多，一般有6～9层。大约在抽雄期以前，主茎基部接近地面的1～3节上开始长出支持根（气生根）。大约在6叶展开期起节根开始处于根系主导地位。种子播深5厘米左右，有利于节根形成（图1-4）。

茎是植株的骨架，多数品种只有1个主茎。玉米的茎由许多节和节间构成。节数和品种的生育期长短密切相关。茎基部的4～6个节比较密集，节间不伸长，位于地面以下，在这些节上着生次生根，甜、糯玉米多数品种在茎基部节上长出分蘖。地上部节间不同程度的伸长。节间生长的速度与栽培条件密切相关，温度高、养分和水分充足，则茎生长迅速。

玉米叶由叶片、叶鞘和叶舌构成，每节着生一片叶，叶鞘紧包着茎秆，叶片伸出，互生而相对排列成2列（图

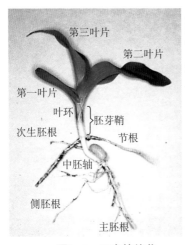

图1-4　玉米的幼苗

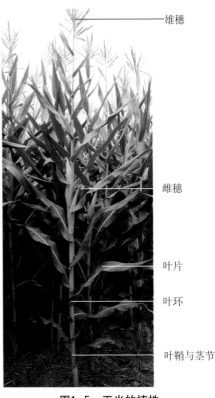

图1-5　玉米的植株

1-5)。叶片生长与植株各个器官的生长发育有同伸关系。叶龄可作为营养生长发育阶段的标志。植株每展开一片叶，称为一个叶龄。上一叶的叶环从前一展开叶的叶鞘中露出，两叶的叶环平齐时为上一叶的展开期。

　　玉米是雌雄同株异花植物，雄花序着生在植株顶端，雌花序着生在植株中部叶腋内的节上，一般雄花序比雌花序早3～4天开花。玉米的雄花序又称雄穗或天花，由主轴和若干个分枝组成。玉米的雌花序又称雌穗，受精结实后成为果穗。雌花序的花丝露出苞叶就是开花，也称吐丝。玉米雌穗由腋芽发育而成，每个茎节上的叶鞘内都有一个腋芽，一般最上部的4～5个节上的腋芽被抑制而不能分化，其他节上的腋芽都能不同程度地生长分化，但通常只有上部第6～7个节上的1个或2个腋芽能分化成雌穗，最后能吐丝结实。其他节上的腋芽，从上向下依次在不同时期停止生长分化（图1-6）。甜玉米分化形成的多个雌穗在授粉前可采收作为玉米笋加工使用。

| 雄　穗 | 花　药 | 花　丝 |

气生根（地上节根）　　　　　　果　穗

**图1-6　玉米其他器官**

## 四、甜、糯玉米知识

**1.甜玉米**　甜质型玉米俗称甜玉米，胚乳性状与普通玉米有所不同，有"水果玉米"、"蔬菜玉米"之称，根据基因型和胚乳性质差异可分为普通甜玉米（$su_1$）、超甜玉米（$sh_2$、$bt_1$）、加强甜玉米（$su_1se$）3种类型。甜玉米胚乳中含有较多的糖和水分，其鲜穗子粒的含糖量一般在14%～25%，明显高于普通玉米；赖氨酸（Lys）含量是普通玉米的2倍多，蛋白质、脂肪和其他氨基酸等含量也都高于普通玉米，还含有多种维生素（维生素$B_1$、维生素$B_2$、维生素$B_6$、维生素C）、矿质元素以及亚油酸和营养纤维，有很好的医疗保健作用。甜玉米可用于罐头加工、速冻加工和青食玉米上市。目前，我国甜玉米生产和出口也已具有一定的规模，特别在东南沿海省份有较大种植面积。

甜玉米子粒胚乳大部分为角质淀粉，干燥后子粒皱缩、坚硬，呈半透明状。种子干物质含量低，拱土能力差，出苗率低，苗势弱。植株易出现分蘖和多苞，雄花发达，分枝较多，花粉量大，但对环境的抵抗力差，在高（低）温、寡照等环境下，易出现结实性差、秃尖长等现象。

与普通玉米相比，甜玉米品种大多生育期较短，表现早熟或极早熟。由于甜玉米特殊的生长发育特性和鲜穗采收的商品要求，对栽培环境和管理水平要求高（图1-7）。

**2. 糯玉米** 糯玉米也称蜡质玉米或黏玉米，是由普通玉米发生基因突变后经选育而成，国内外学者普遍认为，糯玉米起源于中国。糯玉米子粒胚乳全部由支链淀粉组成，比之普通玉米易于消化。糯玉米的消化率为85%左右，普通玉米为69%左右，糯玉米所具有的独特风味和丰富的子粒色彩更为人们所青睐。糯玉米除鲜食外，还可用于加工特色食品、做工业原料和饲料。

与普通玉米相比，一般糯玉米粒重较低，幼苗较弱；出叶速度、穗分化的叶龄进程与普通玉米相同。糯玉米从出苗到鲜穗采收只需70～100天，可根据品种特点和商品需要调节播期和采收期，必要时可保护地栽培和收获干子粒（图1-8）。

图1-7　甜玉米　　　图1-8　糯玉米

# 第二部分　播前准备与播种

## 一、播前准备

### （一）选地

**1. 严格隔离，防止串粉**　甜玉米和糯玉米均属于胚乳性状的隐性基因突变体，如果接受了其他类型玉米的花粉，受到花粉直感的影响，就失去甜性、糯性或品种的固有品质特性。因此，种植时必须与普通玉米及其他甜、糯玉米品种（相同基因型品种除外）隔离。隔离方法包括空间隔离、时间隔离和障碍隔离。空间隔离要求种植田块四周300米范围内不得种植同期开花的其他类型玉米；采用时间隔离时，要求花期错开15天以上，错期播种具体按播种季节和各品种熟期确定；障碍隔离主要是利用山岭、村庄、树林、公路等障碍物。

**2. 环境条件**　选择无工业"三废"及农业、城镇生活、医疗废弃物等污染，经国家指定环保部门检测大气、水质、土壤等质量标准符合NY/T5332—2006（无公害食品大田作物产地环境条件）规定的农业生产区域作为无公害甜、糯玉米生产基地。

**3. 土壤条件**　选择集中连片、光温条件良好、保水保肥、排灌水条件较好的中、上等田块。

①耕层深厚。玉米根系发达，在纵横1米内的土层中形成一个密集而强大的根系，只有耕作层及以下土层深厚，才能保证根系良好生长。耕层深度应大于20厘米。

②疏松通气。土壤通气不良会影响甜、糯玉米的出苗和对矿物质养分的吸收，肥效难以提高。应选择通透性良好的壤土或沙壤土，做到地平、土细、上虚下实。

③耕层有机质和速效养分高。玉米所需养分的60%～80%靠

土壤供应。高产的土壤有机质含量高，速效养分丰富，各种养分比例适当。

④土壤酸碱度适宜。玉米适宜酸碱度（pH）范围为5～8，种植甜玉米以pH6.5～7.0（弱酸性）最为适宜。如果土壤偏酸性，可通过撒施石灰等方法进行调节。盐碱地由于土温低和盐碱含量高，影响种子吸收水分和其他生命活动，发芽出苗缓慢。当土壤含盐量达到0.6%时，发芽困难。

4. 轮作　玉米忌连作，可与水稻、花生、蔬菜等作物进行轮作，以减少病虫害发生，恢复地力。

（二）土壤准备

土壤准备包括前茬处理、翻地、深松、旋耕、耙地、施基肥、喷洒杀虫剂和除草剂等作业，应做到深耕细耙、土细沟直，为玉米生长提供一个深厚、疏松、肥沃的土壤条件。同时，还可减少病、虫和草害的发生。

1. 前茬处理　南方地区种植模式多样。在前季蔬菜、小麦、大麦、油菜、蚕豆、马铃薯等作物预留行间抢墒直播或移栽玉米；未种植的预留空行，可冬季深翻晒土（炕土），疏松土壤，播前平整后播栽；净作和宽厢（如双六〇）种植便于机械化作业，可条带旋耕后，机播或人工播栽。前作为水稻地时，水稻收获后及时做厢做沟排水，免耕或垄作种植。此外，部分地区回茬玉米推广贴茬挖穴直播技术。前茬秸秆的还田方式主要如图2-1所示。

麦秸还田，旋耕后种植玉米　　　　　秸秆铺放覆盖

玉米秸秆覆盖

麦秸覆盖

根茬留田，免耕穴播

**图2-1　前茬秸秆还田方式**

2. **耕整地技术**　甜、糯玉米顶土能力较差，田间土块不能过大，整地时一定要把土块打碎打细。南方丘陵山地一般采用小型微耕机具，在平坝地区和缓坡耕地可采用中小型耕整地机具进行旋耕作业（图2-2）。提倡和推广保护性耕作技术。整地技术一般视前茬而定。

①清除残留废膜杂草。前茬收后及时清除残留农膜及碎片、枯叶和周边杂草，减少污染物及病虫害寄生场所。

**图2-2　微耕机械**
（2011年11月28日拍摄于浙江磐安）

②深耕或深松。深耕时先用深耕犁松土20～30厘米，然后用旋耕耙把10～15厘米土层耙碎，做到表层平整。深耕应注意4点：一是水田改旱作要提早深耕；二是土层厚、土壤黏重的地块，必须深耕；三是山坡旱地土层浅，不宜深耕；四是沙土不宜深耕，耕松表

层即可。深耕作业可与施有机肥相结合（图2-3，图2-4）。

图2-3　适合南方山区的　　　图2-4　深耕后耙地
　　　　小型翻耕机械

在红壤土和黄壤土等适宜区也可实施深松作业，每隔2～4年深松一次。

③结合整地、起垄，全层施入基肥（详见"施足底肥，适量种肥"）。

④畦周开好沟系。南方地区降雨量大，玉米极易受涝受渍。播种、移栽前起垄开沟，一般沟宽20～40厘米，围沟、畦沟、腰沟三沟配套，沟沟相通，内外相接，达到旱能灌、涝能排、渍能降的要求（图2-5）。

图2-5　畦垄种植

（三）品种选择（表2-1）

1. 选择审定的品种　选择覆盖所在区域的国家或省审定的品种，注意选择适应性、产量、品质、抗性（抗病、抗虫、抗逆）等综合性状优良的品种。

2. 选择熟期适宜的品种　根据当地种植制度和实际种植情况，选择生育期合适的品种。为有效延长采收期和加工时间，在生产上可视市场情况和当地生产环境，采取早、中、晚熟品种搭配以及分期种植，以便分期采收。

3.**选择优质种子** 注意查看种子的四项指标（纯度、芽率、净度、水分）是否符合国家标准（GB4404.1）。国家大田用种的种子标准是：纯度≥96%、芽率≥85%、净度≥99%、水分≤13%。优先选择发芽势高的种子，单粒点播时要求发芽率更高。

4.**根据市场要求选用适销品种** 由于甜、糯玉米商品性强，在品种选择中除注意丰产性外，还应根据不同种植及加工用途，选用商品性好的品种。以鲜食为主的品种要求果穗外观商品性状好，品质等指标达一等品以上。

甜玉米应选用鲜穗采收后糖分转化较慢、适采期较长的品种。以加工罐头制品等为主要目的的，应选用果穗大小均匀，子粒深、出籽率高，外观漂亮，粒色均匀一致的品种。鲜销品种比较看重单穗重、甜度适宜、气味纯正、质地嫩脆、口感好等因素，还应注意品种子粒的颜色，以满足不同消费者的需要。

鲜食型糯玉米品种要求果穗外观、色泽、子粒排列、饱满度等较好，软、黏、糯、食味口感好，皮较薄，适合蒸煮和速冻加工等，果穗中等；以鲜子粒加工为主的品种要求子粒深、出籽率高。一般鲜果穗产量达到900千克／亩以上。

5.**因地选种** 根据当地气候特点和病虫害流行情况，尽量避开可能存在缺陷的品种；玉米生长季节台风频发地区，注意选择抗倒伏能力强的品种；春季迟播和夏种应选用耐热、耐湿品种，秋季迟播和冬种应选用耐寒品种。优先选择在当地已种植并表现优良的品种。

按以上品种选择原则，到正规营业网点购买种子，索取并妥善保管发票。

**表2-1 南方地区甜、糯玉米代表性品种**

| 区　域 | | 甜玉米 | 糯玉米 |
|---|---|---|---|
| 广东 | 春秋双季玉米区 | 新美夏珍，粤甜10号，粤甜13，粤甜16，粤甜19，正甜68，华美甜168，锦甜8号，锦甜10号，粤甜9号，华宝甜8号，瑞珍 | 粤白糯3号，粤紫糯3号，粤紫糯5号，粤彩糯2号，仲糯1号，广花糯4号，美玉7号 |
| | 春秋冬三季玉米区 | 粤甜9号，华美甜168，新美夏珍，粤甜13，粤甜16，华宝甜8号，瑞珍 | 美玉7号，粤紫糯 |

（续）

| 区　域 | | 甜玉米 | 糯玉米 |
|---|---|---|---|
| 海南 | | 华珍 | 鲜玉糯2号，美玉7号，鲜玉糯3号，彩糯2号，京科糯2000 |
| 福建 | | 华珍，粤甜16，闽甜107，闽甜208，粤甜9号，粤甜11，世珍，黄金1号，黄金2号 | 京科糯2000，苏玉糯5号，闽糯0018，闽玉糯1号，都市丽人，苏玉糯8号，渝糯8号，沪玉糯2号，闽紫糯1号，彩糯1号 |
| 浙江 | | 华珍，超甜3号，浙凤甜2号，浙甜2018 | 苏玉糯1号，苏玉糯2号，苏玉糯4号，苏玉糯5号，美玉3号，美玉8号 |
| 江苏 | | 华珍，晶甜3号 | 中糯2号，京科糯2000，苏玉糯2号，苏玉糯5号，苏玉糯14，江南花糯，苏科糯3号，苏科花糯 |
| 上海 | | | 中糯2号，彩糯2号，沪玉糯2号，沪玉糯3号，沪紫黑糯1号，申糯3号 |
| 云南 | | 金银粟6110，华珍，9803，德超甜2号，德超甜3号，蜂蜜，库普拉 | 甜糯888，白甜糯，德香糯 |
| 四川 | | 绿色超人，超甜2000，华珍，佳佳糯 | 京科糯2000，渝糯7号，德香紫糯，成甜糯1号，天香糯8号 |
| 重庆 | | 渝甜糯1号，粤甜9号，华珍，渝彩甜糯1号 | 渝糯7号，京科糯2000，渝糯13，渝糯2号，渝糯12，渝糯8号，渝糯9号，渝糯11，渝糯3000，渝科糯1号 |
| 广西 | | 华珍，新美夏珍，惠珍，金甜，桂甜566，甜蜜1号，珍美999，长珍，粒粒丰，农甜88，兆珍1号 | 玉美头601，玉美头606，玉美头602，京科糯2000，桂糯518，桂糯519，桂糯521，金卡糯001，南繁糯1号，柳糯9号，兆香糯1号，珠糯808 |
| 贵州 | | | 遵糯1号，筑糯2号，筑糯5号，黔糯768，京科糯2000 |
| 湖南 | | 华珍，粤甜16，金银粟，先甜5号，金风5号，金湘甜1号 | 中糯1号，中糯304，京科糯2000，江南花糯，湘糯玉2号，科湘糯玉1号，晋鲜糯6号，三北糯3号，三北黑糯4号 |
| 陕西 | 陕西南部 | 陕甜3412，陕甜1号 | 陕白糯11 |

## （四）种子处理

甜玉米的胚乳突变基因抑制了子粒中淀粉的合成，种子凹陷、皱缩、干瘪，胚乳贮藏物质积累不充足，粒重轻，糖分含量高，直接导致种子出苗所需能量来源受到限制，降低种子活力。另外，甜玉米种子较高的含糖量为微生物提供了生长基质，比普通玉米更易受到病原微生物侵染。因此，应购买经过精选、分级和包衣的种子。目前市场销售的种子大多是已包衣的种子，可直接进行播种。如果购买了未包衣种子，建议进行如下处理。

1. **选种** 精选种子，剔除秕粒、虫咬、病粒、杂粒、草籽、杂物等。有条件的可以利用精选机进行精选，没有条件或种子量较少的农户，可人工手拣或分选。

2. **晒种** 于播种前3～7天，将选好的种子于晴天摊在地上或芦苇席上晾晒1～3天，可提高发芽势、杀死部分病原菌。高温季节切忌把种子摊晒在水泥地或金属板上，以免温度过高烫伤种子。

3. **浸种消毒** 经过挑选的种子播种前可进行浸种消毒处理。浸种可以促进种子的酶活性，促进种子萌发，缩短出苗时间，有助于减少烂种；消毒可以消灭种子上所带的病菌。浸种方法有冷水和温汤浸种两种。冷水浸种就是用清水浸12～24小时，然后取出晾干备用，浸种时水面高出种子9～12厘米。为起防腐作用，可用1%的石灰水澄清液浸种，效果更好。温汤浸种就是用55～58℃的温水（2份开水对1份冷水混合）浸6～8小时。水量高于种子10厘米。浸种后，把水沥干再进行消毒。消毒可用50%多菌灵1 000倍液（100克50%的多菌灵对水100千克）浸种10分钟；或用0.02%的高锰酸钾溶液（20克的高锰酸钾颗粒对水100千克，搅拌均匀）浸种2～5分钟；或用甲基托布津125～160克，对水100千克，浸种消毒5分钟。

4. **催芽** 灌溉条件好的地方，种子消毒处理后，可以进行催胚根，经过催芽萌动的种子播种后，出苗快且整齐。催芽以胚根刚刚露出为宜。催过芽的种子，播种后要及时浇水，保持土壤湿润。若土壤干旱，又不能及时灌溉的地方，一般不进行浸种或催芽，以免造成闷芽，影响出苗。浸种后若遇雨等不能及时播种，可把浸过的种子薄薄地摊晾在席上，放在阴凉处，防止生芽过长。

5.拌种或包衣 购种时，用户可看包装上说明的包衣药剂成分，选择能预防本地常发病虫害的包衣剂包衣的种子。对未处理过的种子可根据防治对象选择正规的拌种剂按标签说明处理（表2–2）。

表2–2 玉米常用种衣剂及防治对象

| 防治对象 | 有效药剂名称 |
| --- | --- |
| 地下害虫（蝼蛄、蛴螬、金针虫、地老虎等） | 吡虫啉、毒死蜱、氯氰菊酯、辛硫磷 |
| 土传病害 | 福美双、戊唑醇、咯菌腈、精甲霜灵、烯唑醇、克菌丹、多菌灵 |

注意：戊唑醇、烯唑醇等三唑类药剂有生长调节作用，使用剂量需严格按标签配制，在使用时不可与碱性药剂或物质混用。福美双不能与铜、汞剂及碱性药剂混用或前后使用。

## （五）肥料准备

1.玉米的需肥量 玉米施肥的增产效果取决于土壤类型、基础肥力、播种季节、产量潜力、品种特性、生态环境及肥料种类、配比与施肥方式。

玉米对氮、磷、钾的吸收总量随产量水平的提高而增多。在多数情况下，玉米一生中吸收的主要养分，以氮为最多，钾次之，磷最少。一般正常生产水平下，每亩甜、糯玉米可施有机肥2 000～3 500千克、氮肥尿素20～30千克、磷肥过磷酸钙40～50千克或磷酸二铵10～15千克、钾肥氯化钾10～15千克、硫酸锌1千克。若选用复合肥，也可据此估算。

目前南方地区施用的肥料种类主要有腐熟农家肥、尿素、碳酸氢铵、硫酸铵、氯化铵、过磷酸钙、钙镁磷肥、氯化钾、硫酸钾、草木灰及复合肥等，施肥时期主要是基肥、苗肥（拔节肥）和攻苞肥。

2.施肥注意事项 南方地区雨水多，土质瘠薄，保水保肥力差，在施肥上应注意分次追氮。

①与普通玉米相比，甜、糯鲜食玉米生育期短，前期生长发育快，因此，要侧重施基肥和种肥，提早追肥；甜、糯玉米苗期长势不及普通玉米，整个生育期宜促不宜控。此外，施用农家肥和适当增施磷钾肥，有助于改善甜、糯玉米的品质。

②施肥原则：一是有机肥为主、化肥为辅；二是氮、磷、钾平衡。先按目标产量定氮，再按比例配磷、钾肥。应根据目标产量来决定肥料的种类和数量；三是微量元素平衡，采取缺啥补啥的原则。无公害农产品生产要求按NY／T496（肥料合理使用准则）通则执行，应以有机肥为主，并结合施用无机肥；不能施用工业废弃物、城市垃圾及污泥；不能施用未经发酵腐熟、未达无公害化处理和重金属超标的有机肥料。

③鲜食玉米因生育期短，需肥时间集中，氮肥分配一般采用底肥20%～30%，拔节肥（苗肥）占30%～40%，攻苞肥（穗肥）30%～40%，壮粒肥占0～5%。在施用基肥的基础上，追肥宜于拔节期和大喇叭口期2次进行。由于鲜穗采收，一般少施或不施粒肥。若地力基础较低，或没有施基肥、种肥的，可采用"前重中轻"分配方式，即拔节期追肥量占总追肥量的60%左右，大喇叭口期占40%左右；若土壤较肥或施了基肥、种肥的，宜采用"前轻中重"的分配方法，即拔节期追肥占40%左右，大喇叭口期占60%。

④肥料的施用量及施用方法要合理。追肥时应注意改表土撒施为沟施或穴施；施肥与自然降雨或灌溉结合，提高肥效（图2-6）。氮肥分次追施，收获前25天左右停止施氮。

⑤使用土肥站经测土推荐的配方和配方专用肥。到固定农资营业网点购买化肥，索取并妥善保存发票。

图2-6　化肥撒施损失，植株表现缺素

（六）播种期病虫管理

对地下害虫常发生为害的地块除采取种子包衣外，可在起垄时撒施毒土或播种时施用杀虫剂：每亩用50%辛硫磷乳油200～250克对水1～2千克加细土25～30千克拌匀后顺垄条施，或用40%毒死蜱乳油150～180克／亩随播种时浇水一起浇入。

## 二、播种技术

### （一）种植制度

南方地区多熟种植制度面积广，甜、糯玉米以净作为主，有部分间、套作面积，代表性种植模式包括（图2-7）：

玉米大豆间作　　　　　　　玉米马铃薯间作

棉花套玉米　　　　　　　玉米套花生

玉米套蔬菜　　　　　　　甘蔗套玉米

青玉米—青玉米

**图2-7　南方地区玉米常见种植模式**

①一年多熟制。平原、浅丘区和干热、干暖河谷地区甜、糯玉米主要与水稻、蔬菜轮作或年内连作、多熟间套混作。如采用冬春蔬菜／甜糯玉米／秋季蔬菜（菜玉菜模式）、小麦／花生或西瓜／甜糯玉米、油菜—甜糯玉米，以及小麦（油菜）—甜糯玉米—晚稻、甜糯玉米＋蔬菜—中稻、中稻—秋冬玉米（甜糯玉米）等模式。广东省主要采用水稻—甜、糯玉米—甜、糯玉米或蔬菜—甜、糯玉米—水稻等轮作模式；上海主要采用一年三茬玉米型：大棚玉米—夏玉米—秋玉米—蔬菜；玉米蔬菜型：玉米—玉米—蔬菜—蔬菜；玉米水稻型：玉米—水稻—蔬菜。在广西发展木薯、甘蔗套种玉米新模式。

②一年两熟制。盆周山区主要是小春作物（马铃薯、油菜、小麦、大麦、蚕豆、豌豆等）套种、复种玉米。

③一年一熟制。高寒山区以一年一熟春玉米为主，部分马铃薯、春玉米带状间、套作或春玉米套大豆、甘薯。

④冬种玉米。在海南省及粤、云、桂、闽南部地区发展一部分冬种甜、糯玉米。

（二）带植方式（图2-8）

1. 带植间套作　以厢作分带为标准，玉米与其他农作物间套种植。如西南地区的双二五（小麦、玉米各占0.83米）、双六〇（小麦玉米各占2米）等，形成以玉米为中心的多熟间套种植模式。

2. 增种混作　以其他作物为主体，玉米不规则的混作在行间、地边、地埂等。如成都平原城郊蔬菜地的"围边甜、糯玉米"，川东南的"田埂玉米"，山区幼龄果园的行间、株间混作玉米等。

3. 复种轮作

窄厢套种　　　　　　　宽厢套种

**图2-8　南方玉米主要带植方式**

## （三）播期确定

南方地区热量资源充足，气候、生态条件及种植制度复杂，甜、糯玉米播种主要受茬口、降水条件、温度及市场的影响，播期的确定应遵循以下原则（表2-3）。

表2-3 南方地区甜、糯玉米适宜的播期

| 省份 | 分区 | 春玉米 | 夏玉米 | 秋玉米 | 冬玉米 | 备注 |
|---|---|---|---|---|---|---|
| 广东 | 春、夏/秋双季玉米区（粤北地区） | 2～4月下旬种，6～7月采收 | 北部山区复种，播种季节同下 | 7～9月初种，10～12月采收 | | |
| | 春、夏、秋、冬四季玉米区（粤中、南部） | 1～2月底种，4～6月采收 | 5月下旬至6月中、下旬种，8～9月采收 | 8月上旬至9月下旬种，10～12月采收 | 10月中旬至11月下旬种，翌年2～3月收获上市 | |
| 海南 | 中南部 | 10月至第二年3月最适宜种植 | | | | 全年可种植 |
| | 北部 | 10～11月、次年2～4月为适宜播期 | | | | |
| 福建 | 闽南 | 3月5日至4月15日种，6月中旬采收 | 600米以上高海拔地区种植，5月中下旬到6月初种，8月中下旬收获 | 7月25日至8月25日种 | | 春播地膜覆盖可提早1个月左右播种，利用小拱棚和地膜可提前在春节前后播种，"五一"节采收上市 |
| | 闽中 | 3月10日至4月15日种，6月20日至7月10日采收 | | 7月25日至8月15日种 | | |
| | 闽北 | 3月20日至4月5日种，6月25日至7月10日采收 | | 7月15日至8月10日种 | | |

（续）

| 省份 | 分区 | 春玉米 | 夏玉米 | 秋玉米 | 冬玉米 | 备注 |
|------|------|--------|--------|--------|--------|------|
| 浙江 | | ①大棚内加小拱棚加地膜覆盖，浙南可在1月中旬种，浙中可在1月下旬种，浙北可在1月底种<br>②小拱棚加地膜覆盖，浙南可在2月10日前后种，浙中可在2月中旬种，浙北可在2月下旬种<br>③塑盘棚育地膜，浙南可在2月底种，浙中可在3月初种，浙北可在3月10日前后种<br>④地膜直播，浙南可在3月10日左右种，浙中可在3月中旬种，浙北可在3月下旬种<br>⑤营养钵覆膜育苗露地移栽，浙南可在3月10日左右种，浙中可在3月中旬种，浙北可在3月下旬种，一般在2叶1心前栽<br>⑥露地3月底至4月初种，6~7月采收 | 5月中、下旬种，但因7月中、下旬高温高湿影响授粉结实，面积很少 | 7~8月15日种，10月下旬至11月上、中旬采收 | | 磐安等地：4月初播种，4月底5月初4~5叶1心移栽套种在药材地，7月20~30日收 |
| 江苏 | | 大棚：2月上、中旬育苗，3月10日前后移栽<br>小拱棚：3月中旬育苗，3月20日前后移栽<br>露地：4月上旬播种 | 6月中旬至7月上、中旬种 | 7月中旬至8月15日前结束播种，9月底、10月上、中旬收 | | 海门：大棚12月底至翌年2月中旬种，5月的中、下旬至6月中旬前采收<br>江苏4月20日至6月10日种植玉米粗缩病重，因此，春玉米应在4月20日前播种，夏玉米在6月10日后播 |
| 上海 | | 大棚栽培在1月下旬至2月初种；小环棚栽培在2月中旬至2月下旬种；地膜栽培在2月下旬至3月中旬种；露地栽培在3月下旬至4月初种或3月中旬大棚育苗，4月中旬定植，6月中旬收获 | 5月15~30日种，7月中、下旬采收 | 7月初至8月15日前种，10月底至11月中旬采收 | | |

（续）

| 省份 | 分区 | 春玉米 | 夏玉米 | 秋玉米 | 冬玉米 | 备注 |
|------|------|--------|--------|--------|--------|------|
| 云南 | 德宏坝区 | 3~4月播种，6~7月上市 | | 9月15~30日种，12月20~30日采收 | 11月1日至12月5日种，3~4月上市 | |
| 四川 | | 3月5日至4月20日种，6月底至7月上旬采收 | 5月5日至6月5日种，10月初采收 | 7月初至8月10日前种 | | |
| 重庆 | | 1月下旬至3月上旬栽种，5月中旬至6月下旬采收 | | 6月上旬至7月下旬种，8月下旬至10月中旬采收 | | |
| 广西 | | 1月下旬至4月初种，5月中旬至7月初采收 | | 7~8月种，10~11月采收 | | 桂北高寒山区春季育苗时间为2月下旬至3月上旬；桂中为1月下旬至2月上旬；右江河谷及桂南沿海地区为12月下旬至次年1月上旬 |
| 贵州 | | 2月下旬至4月下旬种，6~7月采收 | 5~6月种，8~9月采收 | 7~8月中旬种，10~11月采收 | | 秋玉米一般种在海拔800米以下 |
| 湖南 | 湘中、湘南 | 3月中、下旬至4月上旬种，6月底至7月初采收 | 6月上、中旬种，9月中、下旬采收 | 7月中旬至8月初种，10月中旬至11月中旬采收 | | 春播地膜覆盖可提早10~15天种；夏玉米宜采用熟期长、耐高温品种 |
| | 湘西、湘北 | 3月中、下旬至4月上旬种，7月初采收 | 6月上、中旬种，9月中、下旬采收 | 7月中、下旬种，10月下旬至11月初采收 | | |

（续）

| 省份 | 分区 | 春玉米 | 夏玉米 | 秋玉米 | 冬玉米 | 备注 |
|------|------|--------|--------|--------|--------|------|
| 陕西 | 陕西南部 | 3月上旬至5月上旬种，<br>6月下旬至8月中旬采收 | 5月中旬<br>至6月中旬<br>种，8月采<br>收<br>糯玉米<br>9月上旬至<br>中旬采收 | | | |

**1. 根据气象与生态因素确定播期**　甜、糯玉米种子发芽力和顶土力较普通玉米低，对土壤墒情和地温要求严格。春季播种或移栽时间，应在5～10厘米地温稳定通过10（糯玉米）～12℃（甜玉米），一般比普通玉米推迟7～10天。播种过早，土温低，发芽出苗慢，易烂种造成缺苗。

甜、糯玉米栽培模式分大棚栽培、小环棚（拱棚）栽培、地膜覆盖栽培和露地栽培，栽培模式不同，播种时期不同。晚秋或早春通过覆膜栽培，尤其大棚加小拱棚加地膜覆盖，可推迟或提前播种；一般采用地膜覆盖可提早7～10天，采用薄膜育苗移栽可提早10～15天播种。夏玉米适宜播种期要考虑玉米开花散粉期避开高温干旱。秋种最迟播期只要能保证灌浆期气温在18℃以上、鲜穗能正常采收即可。选择早中熟品种，后期能利用大棚或拱棚的，秋玉米可以适当推迟播期。

日平均气温稳定在12℃以上，适宜播种甜玉米。苗期、拔节期，甜、糯玉米生长下限温度为10℃，最适温度为18～20℃；孕穗、抽雄期，下限温度为17℃，上限温度为35℃，最适温度为24～26℃；灌浆期最适温度为24℃左右，0℃为致死温度。温度高低对玉米出苗快慢影响很大，在10～12℃时，一般播后18～20天出苗，但播种后长期低温会形成僵苗、弱苗；在15～18℃时，8～10天出苗；在20～35℃时，5～6天即可出苗，并且出苗率最高；超过40℃后，幼苗停止发育。

玉米在吸收种子干重的48%～50%水分时，就能正常发芽。当5～10厘米土层中的土壤水分为田间最大持水量的60%时，即可满足种子发芽的需要；70%左右时，出苗快、出苗率高；80%以上时，因土壤水分过多，空气不足，容易烂种，影响出苗。

**2.根据市场确定播期** 鲜食甜、糯玉米的商品性强，播种期应根据当地市场、加工企业的加工能力和需要及品种特性等进行合理安排。鲜食玉米生长期较短，一般为80～100天，为了有效延长采收期和加工时间，可以进行春播、夏播、秋播、冬播（图2-9），搭配种植早、中、晚熟品种以及分期播种，春播时还可采用育苗及大棚、小拱棚、地膜覆盖栽培等早播技术和露地栽培，以便分期采收、拉长青穗的供应时间，均衡上市。播种至采收时间，一般春播80～90天，夏播70～80天，秋播80～90天，冬种玉米100～120天。分期播种可每隔10～15天播种一期。

需要注意的是，虽然夏播时温度高，发芽出苗快，但营养生长期会缩短，果穗产量将有所降低。

春 种　　　　　　　　　夏 种

秋 种　　　　　　　　　冬 种

**图2-9　鲜食玉米不同季节种植**

**3.反季节种植** 通过冬季或高海拔地区夏季反季节栽培达到周年生产、均衡供应的目的。我国长江流域以南各地夏季炎热，月平均温度常在28℃以上，最高达35℃以上，严重影响玉米授粉，导致结实率下降，产量及商品品质降低，许多低海拔地区避开5、6

月播种，致使 7 ~ 9 月市场供应不足。通过高山、高海拔（1 000 ~ 2 800 米）反季节种植可补充平原、低海拔地区夏季鲜食玉米淡季的供应。

**图2-10　冬种玉米**
（2008年12月31日拍摄于云南瑞丽）

海南全省、广东西南部沿海、云南德宏、福建漳州南部等地全年均可种植。冬种玉米必须选择周年无霜的地区，同时以开花授粉期避开当地最低气温出现时期为原则，来安排好播种期。一般气温低于18℃将影响抽丝及授粉，结实不好（图2-10）。

4. 根据种植方式确定播期　套种玉米结合当地生态条件和玉米生育期，重点协调好两种作物共生期间的矛盾，共生期以不超过20天为宜。

玉米在播种出苗过程中，若遇极端天气条件（如低温、霜冻、冰雹、干旱、洪涝等）、病虫害以及管理不当等因素影响保苗，使田间植株密度低于预期密度的60%时，可以考虑及时套种一些矮秆豆类作物，或重播，或改种薯类、豆类和蔬菜等作物。

（四）合理密植（表2-4）

表2-4　甜、糯玉米种植密度推荐表　　　　　　（单位：株/亩）

| 田　块 | 稀植型 | 中间型 | 耐密型 |
|---|---|---|---|
| 生产条件差，产量水平低或夏播 | 2 500 ~ 2 800 | 2 800 ~ 3 200 | 3 000 ~ 3 500 |
| 生产条件较好，产量水平中等或春播、秋播 | 2 800 ~ 3 000 | 3 200 ~ 3 500 | 3 500 ~ 4 000 |
| 生产条件好，产量水平高或冬播 | 3 000 ~ 3 500 | 3 500 ~ 4 000 | 4 000 ~ 4 500 |

注：光照不足地区种植密度适当降低。

甜、糯玉米多以鲜穗出售，按穗重定价，收益的多少取决于外观品质的优劣和单位面积产出的果穗重量。种植密度合理才能培育出理想果穗，这也是决定鲜食玉米商品价值高低的重要因素。

甜、糯玉米抗逆性比普通玉米差，密度过大会出现空秆、结实差、秃尖等，从而影响商品性，对子粒营养品质和食味也有不利影响。合理的种植密度与品种特性、土壤肥力、种植季节、自然地理气候及水肥管理水平等有关。

1. **根据品种特性确定密度**　株型紧凑、矮秆、抗倒、生育期短的品种可适当密些，反之宜稀。一般矮秆、耐密植品种密度在3 500 ～ 4 500株／亩[*]，高秆品种在3 000 ～ 3 500株／亩。

2. **根据土壤肥力确定密度**　土壤肥力较低，施肥量较少，取品种适宜密度范围的下限值；土壤肥力高、施肥量多的高产田，取适宜密度范围的上限值。

3. **根据气候因素确定密度**　高温、短日照地区玉米生长发育快，植株较矮，种植密度可适当大一些；光照时间长、昼夜温差大的地区也可适当大些；高温多湿、昼夜温差小、阴雨天多的地区，种植密度宜偏稀一些。高海拔地区要大于低海拔地区。同一品种春夏种宜稀一些、秋冬播可适当增加密度。

4. **根据地形与土壤质地确定密度**　在梯田或狭长、通风透光条件好的地块可适当增加密度；反之，应适当减小密度。阳坡地由于通风透光条件好，种植密度宜高一些；土壤通气性好的沙土或沙壤土宜种植密一些；低洼地和重黏土地宜稀。

5. **根据栽培管理水平确定密度**　精细管理的宜密，粗放的宜稀。

为了避免病虫为害及抽雄前所拔除的弱小株等造成的密度不足，确保实收株数，可以在适宜密度的基础上增加5% ～ 10%的播种量。

**（五）播种方式**

1. **种植规格**　主要有等行距种植和宽窄行种植，其中宽窄行方式便于垄作排灌和采收，所占比例较大。

① 等行距种植。一般行距55 ～ 70厘米，株距25 ～ 32厘米。

② 宽窄行种植。一般宽行70 ～ 90厘米，窄行40 ～ 50厘米。净作玉米起畦规格一般为畦宽110 ～ 135厘米（包沟），沟宽20 ～ 40厘米，畦高15 ～ 25厘米，畦上种植2行，行距40 ～ 50厘米。在江苏、

---

　　[*]　亩为非法定计量单位，1亩 ≈ 667米$^2$——编者注

上海等地也有采用140厘米畦宽（包沟），每畦种3行或250厘米畦宽种4行，两边两行间行距为35～45厘米，中间为70～80厘米。

2. **垄作与平作** 雨水多、易涝的地方要起垄种植；旱地以平作为好（图2-11）。

平作
（2008年5月，四川简阳）

平作
（2011年11月26日，广东徐闻）

垄作
（2009年9月2日，重庆）

垄作

**图2-11 平作与垄作**

3. **直播** 指在精细整地后按种植密度和规格开穴直接播种。播种方式有开沟条播或点播及挖穴点播等。免耕直播是在上茬作物收获后不进行翻耕犁耙，直接挖穴或开沟点播（图2-12）。

直播应注意以下几个技术环节。

①播种深浅一致，深度控制在3～5厘米，种子不过深、不落干。甜玉米种子子粒瘦瘪，千粒重只相当于普通玉米的1/3～1/2，发芽势弱，应适当浅播。不同类型甜玉米种子发芽顶土能力不同，超甜玉米播深一般为3厘米、加强甜玉米4～5厘米。黏土适当浅些，沙质土壤适当深些。播种太深、土壤湿度大、播后遇雨土壤板结等，都会引起氧气不足，使出苗时间延长，消耗养分增多，导致幼苗瘦弱。大小不同的种子可分级点播，以使出苗整齐一致。

（2011年11月24日，广东博罗）　　　（2008年6月4日，四川剑阁）

**图2-12　免耕直播**

②播种量应根据种子千粒重大小、发芽率、播种密度及播种方式来确定。

单粒播种、每穴1粒的需种量计算如下式，若每穴2～3粒，则需要扩大2～3倍。

玉米需种量（千克）=计划种植面积（亩）×计划种植密度（株/亩）×种子千粒重（克）/（种子出苗率×$10^6$）

③株距计算。

株距（厘米）=6 670 000（厘米$^2$）÷行距（厘米）÷密度（株/亩）

④播种时应尽量播匀，注意种植密度基本一致，两行相邻每3株可成品形。种肥要避免与种子直接接触，可采用侧深施肥，肥料在种子的侧、下方各5厘米，穴施或条施均可。尿素、碳酸氢铵不宜做种肥，以免烧种、烧苗。底肥足可不施种肥。播后覆土要均匀细碎，最好用腐熟的土杂肥盖种，以利出苗整齐。

⑤甜、糯玉米种子发芽对土壤墒情要求比较严格。播种最适宜的土壤含水量为14%左右。可采用播前造墒，保证正常出苗。

⑥甜玉米顶土力差，加之子粒和幼苗鲜嫩可口，易遭老鼠和害虫为害，缺苗断垄时有发生。一般应准备10%的秧苗作补缺。可于播种前2天在田间地头育苗，以便在玉米出苗后及早查苗补缺。

⑦机械播种是未来发展的方向。在南方地区，目前可根据山地、丘陵、平坝等不同的地形特点，分别选用简易型手工操作的点播机具、与微耕机或手扶拖拉机配套的小型播种机、与中小型四轮

拖拉机配套的精量播种机进行播种作业。精量机播可在平坝、丘陵缓坡耕地及高原平地一年一熟地区先行推广（图2-13）。

轻小型玉米播种机
（2009年4月拍摄于四川简阳）

便携式人工点播器
（2008年4月9日拍摄于四川简阳）

双轮微耕机
（多功能播种施肥机）

**图2-13　南方地区玉米播种机具**

4. **育苗移栽**　甜、糯玉米种子发芽力不强，顶土能力弱，田间直播不仅用种量大，且在早春低温气候条件下，出苗困难，易造成缺苗断垄，苗期长势差，对产量影响较大。育苗移栽保温育苗一般可提早播种10～20天，有利于缓解玉米与其他作物共生的矛盾，还可前期避冷害（倒春寒）、中期躲伏旱，培育"三苗"（苗全、苗齐和苗壮），每亩节约生产用种0.5千克左右。育苗一般采用地膜、温室或小环（拱）棚苗床育苗（图2-14），育苗方式有方块（方格）、肥团、软盘、营养杯（钵）等（图2-15）。

**图2-14　大棚内小环棚育苗**

育苗移栽应注意以下几个技术环节（图2-16至图2-18）。

营养坨育苗　　　　　　肥团育苗

方格育苗　　　　　　营养袋育苗

塑料软盘育苗　　　　　泡沫软盘育苗

秸秆营养钵育苗

**图2-15 育苗方式**

①苗床准备。选择靠近本田、避风向阳、土质疏松、排灌方便的地块作苗床。苗床整地要求达到细、净、平，全层培肥，然后做成宽1.2～1.6米、高20～25厘米的畦，四周开好排水沟防苗床积水。一般畦宽可按育苗盘长度或纸筒宽度的2倍再加20厘米畦边、畦长6～7米制作；营养泥团的苗床畦宽可按1.4米、畦长根据需要决定。有条

件的地区可集中在大棚内育苗。一般每亩秧田可栽10～15亩大田。

苗床整理

营养土配制

营养杯装土

制作肥团

制作方格

播　种

播　种

覆土覆膜

揭膜炼苗

分级移栽

打　洞

移　栽

图2-16　玉米营养坨（杯、钵、块）育苗技术环节

整理苗床

营养土配制

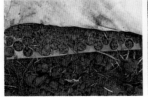

播后覆膜

苗床水分管理

健壮幼苗

大田起垄

健壮幼苗

扎　孔

移　栽

露地移栽

栽后管理

**图2-17　玉米塑料盘育苗移栽技术环节**

（拍摄于广东茂名）

刮平淋透水

播　种　　　　　　　落干后制作方格

播后覆土　　　　　　　喷　水

盖　棚　　　　　　　通风炼苗

**图2-18　玉米方格育苗技术环节**
（拍摄于四川绵阳）

②营养土配制。播种前配好育苗土，一般以30%～40%的腐熟厩肥，60%～70%的肥沃细土为基本材料，晒干碎细，每100千克料

土加入磨细过筛的过磷酸钙1千克、尿素0.1千克、充分混合后配制营养土，并装杯（钵）、育苗软盘或做成球、营养块后播种，播种后浅覆土。育苗土也可用塘泥、煤灰、腐熟农家肥按 2∶1∶1 的比例混合而成，也可选择壤质肥沃的菜园土或田泥70%、腐熟畜粪和草木灰土30%，每1米³营养土加入复合肥0.25千克、硫酸锌50克搅拌均匀配制。施肥时间一般应在制钵前1周以上，间隔期过短会影响出苗，或造成肥害。营养泥团的制作：可将营养土加水调至干湿适中、捏成类似鸭蛋大小或切成4厘米×4厘米豆腐方格状的泥团。

　　③苗床管理。播种时，可用育苗软盘（70或100孔塑料穴盘）、营养杯（钵）、蜂窝式纸筒等每穴装入营养土约1/3，将健壮种子放1粒于穴中央处，盖培肥细土约1厘米，然后淋一次透水。也可将催芽后的玉米种子均匀播种苗床，每平方米播种900～1 000粒，轻压种子入土与畦面持平，然后用细沙、谷壳、木屑或细土覆盖，厚度不超过1厘米。每天淋水1～2次，保持苗床湿润至出苗。

　　通过调节苗床的水分和温度，培育壮苗。早春育苗的可采取大棚育苗，或小拱棚、地膜覆盖等保护地栽培。用小拱棚塑料薄膜覆盖、棚拱高50厘米左右以保暖防寒；播后盖膜时注意盖严地膜，保持床土湿润和较高的温度，以利出苗。如遇冷空气，夜间棚外要遮盖草帘等物加强保温。出苗后注意通风炼苗，防止烧苗。其中，春播出苗后如遇晴暖天，可揭开畦面两头薄膜以通风炼苗，移植前2～3天全揭膜炼苗；秋播播种后应注意遮阳防晒和防暴雨冲刷。

　　为培育壮苗，苗床水分管理应在播种前浇足水，出苗后应降湿少浇水，以防止幼苗徒长。炼苗期间应严格控制水分，以达到"蹲苗"的目的。如果苗床出现旱情时，可用喷壶少量喷水。

　　苗床期注意防治病、虫、鼠害。苗床期病害主要有种子霉烂、苗枯病、根腐病等，害虫主要有小地老虎、斜纹夜蛾、甜菜夜蛾、蝼蛄、蟋蟀、蛴螬等，害鼠主要有黄毛鼠、褐家鼠及板齿鼠等，防治方法可参照第六部分。

　　④移栽技术。一般播种后5～10天出苗，在苗高3～5厘米时揭开地膜，炼苗1～3天后开始移植。移苗适期一般在离乳前（3叶龄前），早春或冬季播种育苗可适当延长1～2个叶龄移栽。乳苗移栽是

指秧苗胚乳养分还未耗尽，玉米第一层次生根尚未长出，栽入大田后，玉米苗仍可吸收胚乳养分，接着长出第一层次生根，直接吸收土壤水分和养分，没有明显的缓苗现象。移栽最晚不宜超过5叶1心，苗床干旱时，在取苗前2～3天浇水，带土取苗，以利成活，做到边取苗边移栽，单株种植。也可以在移栽前施送嫁肥水和送嫁药剂。其中，在移栽前2～3天喷洒一次全营养型叶面肥，用量比为100克肥对水50千克；同时喷施Bt乳剂或52.25%农地乐1 000倍液；送嫁水在移栽前6～7小时的晴天进行喷淋，以保持根系的泥块不至松脱。防止老化苗移植致植株矮小，提前抽雄吐丝，影响产量。

移栽时应分级、定向（摆苗时叶片东西畦头南北放，南北畦头东西放）、错窝移栽，将苗带营养土一起移入苗坑，栽后用细土将破口封严。盖土后马上淋足"定根水"，最好是复合肥混水做定根水，缩短缓苗时间。苗坑可用直径2～3厘米的竹竿或制钵器打洞，洞深3～4厘米。移栽宜在阴天或晴天下午4点后进行。移栽时防止伤根、折苗。

⑤栽后管理。以促根、壮苗为中心，紧促紧管。移植大田成活后（5天左右）及时查苗补缺。要早追肥、早治虫，并结合中耕松土促其快返苗、早发苗，力争在穗分化之前尽快形成合理的营养体，为高产奠定基础。

当不能适龄移栽时，可采用以下秧苗管理措施：

①截断胚根蹲苗。在玉米幼苗3叶期以后，因高温干旱或茬口原因不能移栽，应及时截断胚根，促进次生根发育，抑制地上部生长，在苗床上蹲苗。采用软盘、营养杯（筒）育苗的，可通过移动杯、盘，截断从杯盘底部伸出的胚根。

②少施少管。根据床土湿度和秧苗情况，当早晨发现玉米苗出现萎蔫状态时，应选择傍晚或清早用清淡粪水浇施，以苗床不见流水为止，适当"肥水饥饿"，干湿交替锻炼玉米苗的抗逆能力。

③增施送嫁肥水。在移栽的头一天，每平方米苗床用0.1千克尿素对水浇施玉米苗，增施"送嫁肥水"，有利于大龄苗尽快缓苗返青，提高移栽成活率。

④叶面喷施抗旱剂。大龄苗移栽到大田后，叶面喷施抗旱促根剂，如FA旱地龙、旱不怕等，尽量缩短缓苗期，达到抗旱、保苗、

促根、壮苗的目的。

（六）地膜覆盖

通过铺膜，可提高并保持地温；减少水分蒸发；改善土壤物理性状和抑制杂草生长。地膜覆盖技术适合在晚冬、初春季节及积温不足的山区与高海拔地区、季节性干旱严重的地区应用。地膜覆盖后一般可增加≥10℃积温200～300℃。此外，南方地区晚冬、初春季节还可采用大小环棚（拱棚）、大棚加地膜种植（图2-19）。

<table>
<tr><td>地膜种植</td><td>地膜种植</td></tr>
<tr><td>小环棚种植</td><td>大棚种植</td></tr>
<tr><td>大棚+小环棚+地膜种植</td><td>大棚+小环棚</td></tr>
</table>

图2-19 地膜、小环棚及大棚栽培方式

1. **覆膜技术要点** 地膜覆盖栽培宜选择地势较平坦、土层深厚疏松、肥力较高的地块。

①施肥、整地、盖膜。地膜玉米追肥较为困难，一般施肥以基肥为主（将全部的农家肥、磷、钾肥和60%的氮肥作底肥），在大喇叭口期追一次氮肥，多采用株间打孔深施，或者用深施器高压水肥耦合施用，追肥量占总氮量的40%，肥料用量要足。适时翻耕（深耕30厘米左右），精细平整，疏松土壤，上虚下实，达到深、松、细、平、净、肥、软、润等标准。整平土地后按不同种植模式做畦。盖膜的原则是"盖早不盖晚，盖湿不盖干"。如果土壤田间持水量达不到70%，则必须采取浇水补墒措施后才可做床盖膜，防止种子落干不出苗。盖膜前可喷施除草剂。

②地膜选择。选择耐拉强度较高的农膜，地膜厚度为0.005 ~ 0.008毫米，根据预留行宽度选择宽度适宜的地膜。地膜覆盖率和单位面积用膜量的计算公式为：

覆盖率（%）＝膜宽（商品膜宽度）÷（平均行距×2）×100

每亩地膜用量（千克）＝密度（克/厘米$^3$）×厚度（毫米）×覆盖率（%）×667

图2-20　覆膜作业

③盖膜作业。盖膜技术要求是：平、紧、严、宽，即地整平，膜压紧，边压严，尽量扩大膜的受光面。覆膜要直，松紧度适中，膜面无皱折，膜两边压土各2 ~ 3厘米，每间隔6 ~ 10米，横向压土，防风掀膜（图2-20）。

④残膜处理。植株封行前及时揭膜或玉米收获后及时将废膜捡拾干净，带出田外，集中处理，防止污染土壤。

2. **覆膜直播栽培** 包括先播种后铺膜和先铺膜后播种2种方式。前者多在墒情好的地块采用，播种时采用挖窝点播或条沟点播，出苗后即破膜放苗，并将孔口用细土封实。此法的好处是整地、施肥、播种和盖膜可连续作业，一次完成，省去盖膜后打孔播种的工序，同时还有助于避免盖土结块，影响出苗。不足之处是出苗后必须及时放苗，如放苗不及时会引起烧苗。先盖膜后播种多在土壤墒情不好或播前遇雨时采用。一般采用播种装置在膜上先打孔再下种，播后用细土将膜孔盖严压实。这种方法的好处是能提早盖膜增温、保墒，减少破膜放苗工序。不足之处是需要打孔和膜孔盖土，并且盖孔土影响采光、易板结，影响出苗。据云南德宏地区经验，甜玉米顶土能力差，若采取先播后铺，易被大土块压，出苗差，可采取先铺后种方式提高出苗率（图2-21，图2-22）。

图2-21　盖膜后播种

套作（芋玉）覆膜栽培　　　起高垄覆膜栽培

平作覆膜栽培　　　膜侧覆盖栽培

挖塘穴播

图2-22　不同铺膜方式

地膜覆盖直播技术要点。

①玉米地膜覆盖可比露地栽培提早7～10天。播种标准要求种子距膜边≥5厘米，播深在3～5厘米，深浅一致，覆土严密。先盖膜后播种的，可抢墒整地，覆土盖膜，待播期打孔播种，孔深2.5～3厘米，每穴播1～3粒；先播种后盖膜的，每穴播1～3粒，然后将穴填平，播一畦盖一畦。

②可在地头播种盖膜留作预备用苗，每亩500～600株，用于移栽补苗。

③出苗后及时破膜放苗。播后7～10天要勤检查，出苗50%左右时开始分期放苗。放苗时在苗的上方用小刀将地膜划一T形小口，长1～2厘米，注意不要划得太大和伤苗。放苗在上午10点、下午4点前后较好。放苗后要及时用细土盖严膜孔，以避免跑墒降温。

3.育苗覆盖栽培　育苗覆盖栽培集地膜覆盖和育苗移栽技术于一体，一般比直播地膜玉米增加200～300℃有效积温，亩增产50千克以上。移栽苗最好采用塑料软盘育苗，便于破膜移栽，提高保温效果，其他技术环节见育苗移栽部分。

（七）棚膜设施栽培管理

小环（拱）棚种植时，如果种植的是单行双株玉米，小拱棚可搭50厘米宽、50～60厘米高；如果种植的是两组单行双株玉米，小拱棚可搭80厘米宽、65厘米高。沪、苏、浙地区一般春季大小环棚移栽时气温较低，栽后半个月可密封管理。但温度高至23～25℃以上时，要求在背风处通风。半个月以后时刻注意温度变化，听好天气预报。一般上午8～9点通风至下午3点关窗，夜间适当保温。大棚在4月，没有特殊冷空气或晚霜情况下可日夜通风；4月中下旬（20日左右）可揭膜、拆棚；小棚在4月15日左右揭膜、拆棚，有利于光照和拉大温差及养分积累。

设施大棚栽培玉米由于棚膜保温增温，苗期生长较快。栽培管理上一要调节好棚内温度。春季气温忽高忽低，大风频临，要防止棚膜破损，做好密封保温工作。若遇气温较高的天气，棚内温度达36℃以上，预先要开通风口降温；二是适当补肥补水。用肥量不宜多，每亩不超过3千克尿素，施肥后要通风4小时以上，排除氨气，防止灼伤玉米苗。

## 三、施足底肥，适量种肥

### （一）底肥

播种前施用的肥料称为底肥或基肥，可培肥地力、改良土壤结构，在玉米的整个生育期间源源不断地供给养分。底肥应有机、无机并重，迟速并重，以磷促根，以肥调水。底肥主要在开沟、起垄或起垄挖窝时集中施。

底肥如果数量不多，应开沟条施，可提高根系土壤的养分浓度；底肥数量较多时，可在耕前将肥料均匀地撒在地面上，结合耕地翻入土内。钾肥、磷肥和锌肥等化肥最好与有机肥料混合施用。

底肥的施用量一般占总施肥量的60%～70%。可将全部有机肥、磷肥、钾肥、锌肥及10千克/亩尿素混合作底肥一次施入。一般中等肥力的田块每亩可施腐熟有机肥1 000～2 000千克、45%（15-15-15）复合肥30～40千克、硫酸锌0.5～2.0千克，或充分腐熟的优质农家肥1 500～2 000千克，过磷酸钙50千克，复合肥15～20千克，堆沤后施用。

春、夏、秋季节的玉米有所不同。夏播玉米不宜多施底肥，因为玉米生长期处于高温条件，肥料分解快，养分容易流失。

### （二）种肥

播种时在种子旁边或随同种子一起施下的肥料称为种肥。对于土壤养分贫乏、底肥用量少或不施底肥的玉米，更需要施用种肥。一般亩用复合（混）肥或磷酸二铵10～15千克（春玉米播种时遇低温注意施用磷酸二铵做种肥）。种肥穴施或条施均可，要掩埋并避免与种子直接接触。尿素、氯化钾、碳酸氢铵、过磷酸钙等均不宜做种肥施用，以免烧种、烧苗。底肥足可不施种肥（图2-23）。

图2-23　种肥的施用

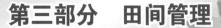

# 第三部分 田间管理

## 一、苗期管理

### （一）苗期生长发育规律及管理要点

玉米从出苗到拔节这一阶段为苗期，主要进行根的生长、叶片增加和茎节分化，是决定叶片和茎节数目的时期。该期以营养生长为核心，地上部生长相对缓慢，根系生长迅速。苗期田间管理指播种至拔节前的管理，其要点如表3-1所示。

表3-1　南方甜、糯玉米苗期生长发育特征及管理要点

| 历时 | 春玉米20～30天；夏、秋玉米15～25天；冬玉米20～35天 | |
|---|---|---|
| 生育时期 | 播种—出苗 | 出苗—拔节 |
| 典型图片 |  |     |
| 生育特点 | | 营养生长 |
| | 种子萌发、顶土出苗 | 长根、分化茎叶。茎叶生长缓慢，根系发展迅速 |
| 生长中心 | 种子萌发、出苗 | 根系生长 |
| 产量构成因素 | | 决定亩穗数 |

（续）

| | |
|---|---|
| 灾害性天<br>气及影响 | 低温和干旱影响种子萌发、延缓出苗；晚霜延缓出苗，已出苗的可能<br>受冻害；低温延缓幼苗生长；干旱推迟拔节和雌雄穗发育 |
| 丰产长相<br>与主攻目标 | 丰产长相：出苗全、苗齐、苗壮，茎扁平短粗，根深根多叶绿<br>主攻目标：促进根系生长，使根系增多、增深，培育壮苗，达到苗早、<br>全、齐、壮 |
| 主要措施 | 种子包衣，适期、精细播种，一播全苗；适时间苗、定苗；防虫保苗；<br>浅中耕或浅培土，深松提温，除蘖打杈；施用提苗肥；干旱严重地块及<br>时浇水保苗 |

### （二）生产管理技术

1. **查苗补缺** 玉米出苗或移栽成活后，应立即进行查苗、补苗。玉米缺苗一般不提倡补种，缺苗3株（穴）以下，在缺苗处一侧或两侧，留双株即可。但若发现连续缺苗3株（穴）以上，应及时用预留苗补苗。补苗时一般采取带土移栽的方法，在阴雨天或晴天下午进行，栽后及时浇水，缩短缓苗时间，确保成活。

2. **适时间苗、定苗** 一般3叶期间苗，4～5见叶期定苗，每穴留1苗。对地下害虫发生较重的地块，可推迟定苗1个叶龄。定苗应按计划密度要求，去病、弱、杂苗，留壮苗。对矮苗、密叶苗、下粗上细且弯曲等遭病虫侵害的苗以及差异明显的杂苗应彻底去掉。

间苗、定苗可在晴天的下午进行，病害、虫咬以及生长不良的苗，经中午日晒，易发生萎蔫，便于识别淘汰。

3. **防旱、防板结，助苗出土** 春玉米播种后常遇春旱，土壤水分低于田间持水量的60%时，应及时浇水和浅中耕保墒。夏、秋玉米播种后易遇大雨，土壤板结，应及时松土，破除板结，散墒透气，助苗出土。

4. **中耕除草** 中耕可疏松土壤，提高地温，消灭杂草，减少养分、水分消耗，玉米生育期间一般进行1～3次：定苗前后进行一次，此时幼苗矮小，要避免压苗、伤苗，中耕深度3～5厘米。拔节前后进行第二次中耕，苗旁宜浅，行间宜深（9～12厘米）。小喇叭口至大喇叭口期结合施肥和培土进行一次中耕。中耕时要平、碎、松、不伤苗（图3-1，图3-2）。

甜、糯玉米较为弱小，结合施肥适时中耕能够促进植株生长发育。一般育苗移栽的在缓苗后，地膜覆盖的在揭膜后及时中耕。

图3-1 轻型机动中耕机 　　　　图3-2 松后效果
（张中东　提供）　　　　　　（李艳杰　提供）

5. 苗期追肥　苗肥一般在直播定苗后（3～5叶期）或在移栽后7～10天施用。整地不良、基肥不足、幼苗生长细弱的应及早追提苗肥，反之，可不追或少追。施肥方法一般采用沟施或穴施（地膜覆盖栽培），在距植株10～15厘米处，开沟5～10厘米一次施入，覆土盖严，以提高肥效。苗肥应尽量避免在没有任何有效降雨的情况下地表撒施。

施肥量可根据土壤肥力、产量水平、肥料养分含量等具体情况来确定。一般不宜超过总用量的15%，主要用尿素、碳酸氢铵或复合肥，也可泼浇稀薄的粪肥。移栽时若遇干旱，可结合施提苗肥每亩浇施粪水500～1 000千克抗旱保苗（图3-3）。

苗期中耕施肥对套种甜、糯玉米尤为重要，在前作收获后，要及时进行中耕灭茬，早追苗肥，有利于促根壮苗。施肥时做到：追肥宜轻，偏施小苗赶大苗、促弱苗变壮苗。

使用中耕追肥作业机具施肥时要注意有良好的行间通过性能，无明显伤根、伤苗问题，伤苗率＜3%，追肥深度5～10厘米，追肥部位应在作物株行两侧10～20厘米，肥带宽度大于3厘米，无明显断条，施肥后覆盖严密。

6. 水分管理　玉米播种后至出苗要注意水分管理，该期土壤以湿润为主，过干过湿均不利于出苗。甜玉米种子糖分多、淀粉少，播后灌水、水分过多容易浸烂种子；水分不足，使土壤板结干裂，影响发芽出土。

图3-3 施粪水

玉米苗期植株矮小，生长缓慢，耗水量少，耐旱能力较强。除底墒不足或天气干旱需要及时灌水外，在播前土壤墒情较好或播栽后浇过"定根水"的地块，可推迟到3～4叶后灌溉。

目前灌溉方式有畦灌、沟灌、喷灌和滴灌等。畦灌、沟灌设施简单，容易实行，但浪费水。喷灌和滴灌管理费用较高，但比畦灌、沟灌节水。要根据实际情况选择（图3-4）。

图3-4 玉米微喷灌
（2011年11月26日拍摄于广东徐闻）

南方地区，春、夏季雨水多，秋季有时遇暴雨，应及时疏沟排渍水，防渍防涝。

7. 掰除分蘖 甜、糯玉米比普通玉米容易产生分蘖，尤其在种植密度低、前期生长偏旺的田块。分蘖大多从第三、四叶腋内长出，形成侧株，不能成穗，但长势旺，与主茎争夺养分和水分并影响田间通风透光，一般在拔节前应及时掰除，确保营养集中供应主茎（图3-5）。部分品种分蘖多，需要摘除2～3次。操作时尽量避免损伤主茎及叶片。

（三）病虫草害防治

苗期田间病害以镰孢菌引起的根腐病为主，多雨年份和季节也

应去掉分蘖　　　　　　　　这样的分蘖可以不去

**图3-5　判断是否应去除分蘖**

（李艳杰　提供）

伴有细菌性病害的发生。苗期根腐病通过种植抗性品种或者种子包衣可显著降低发病率，一旦苗期发生，只能通过药剂灌根来减轻，成本较高；害虫以地下害虫（小地老虎、蝼蛄、蛴螬等）为主，可通过种子处理和播种时撒施杀虫剂或苗期喷施杀虫剂防治；局部发生玉米蚜、甜菜夜蛾的地块可用杀虫剂喷施，或灌根处理；苗期也是杂草萌发出土为害的重要时期，同时也要注意防治鼠害。

　　玉米苗期植株幼小，根系不发达，抗病虫害的能力弱，遭受为害，容易造成弱苗或死苗。因此，防治田间杂草促壮苗，防治地下害虫保全苗是本阶段的主要任务。

## 二、穗期管理

### （一）穗期生长发育规律及管理要点

　　玉米从拔节至抽雄穗为穗期。此期营养器官生长旺盛，地上部茎秆和叶片以及地下部次生根生长迅速，同时雄穗和雌穗相继开始分化和形成，植株由单纯的营养生长转向营养生长与生殖生长并进。其中，前半期（拔节至大喇叭口期）以茎叶生长为中心，后半期（大喇叭口至抽雄穗期）以雌穗分化为中心。供长中心叶是植株下、中层叶片。穗期是玉米一生当中生长最旺盛的时期，也是田间管理的重要时期（表3-2）。

**表3-2 南方甜、糯玉米穗期生长发育特征及管理要点**

| 历时 | 春玉米35～45天；夏、秋玉米25～35天；冬玉米30～40天 | |
| --- | --- | --- |
| 生育时期 | 拔节—大喇叭口期 | 大喇叭口期—吐丝 |
| 典型图片 | | |

| 生育特点 | 营养生长与生殖生长并进 | |
| --- | --- | --- |
| | 茎节间迅速伸长，叶片快速增大，根系继续扩展，雌雄穗迅速分化 | |
| 生长中心 | 根、茎、叶生长 | 雌穗分化 |
| 产量构成因素 | 决定穗行数、穗粒数 | |
| 灾害性天气及影响 | 6叶展期逆境胁迫会影响未来果穗穗行数与穗粗<br>12叶展期至抽雄期逆境胁迫会减少穗长及每行潜在的粒数 | |
| 丰产长相与主攻目标 | 丰产长相：茎粗、节短、根深、叶茂，植株健壮，生长整齐<br>主攻目标：营养生长与生殖生长协调，促叶、壮秆、防倒、扩穗 | |
| 主要措施 | 科学运筹肥水，及时治虫，拔除弱小株，中耕培土，重施穗肥 | |

（二）生产管理技术

1.**中耕培土**　一般可在拔节至小喇叭口期进行第一次小培土，第二次在大喇叭口期前，可结合追穗肥进行一次大培土。具体方法是将行间、畦沟土培到玉米茎基部形成土垄，使畦高达到15～25厘米（图3-6）。

图3-6　追肥培土

培土应注意的几个问题：

①在潮湿、黏重的地块以及大风、多雨地区和年份，培土的增产、稳产效果较为明显。

②培土过早，特别是春玉米会因根部土壤温度较低、空气不足，抑制玉米节根的产生与生长，不利于形成健壮的根系。

③旱地或无灌溉条件的丘陵地区不宜强调培土，否则会增加土壤受光面积，提高地温，增加土壤水分蒸发，对玉米生长反而不利。

④黏壤土雨后不宜培土，否则会造成空气不足，感染茎腐病，宜待表土干后再进行培土。

2.**巧施拔节肥、重施穗肥**　进入穗期阶段，植株生长旺盛，对矿质养分的吸收量最多、吸收强度最大，是玉米一生中吸收养分的重要时期，也是施肥的关键时期。根据玉米对氮素吸收的双峰曲线，第一次高峰出现在拔节期至小喇叭口期，因此，没有施用苗肥的地块，首先应施拔节肥。若定苗后或移栽后10～15天施过提苗肥，应视幼苗长势酌情巧施拔节肥，叶色淡补施，叶色浓少施或不施。一般可在株间穴施或条施，每亩施三元复合肥（氮、磷、钾有效成分各为15%）8～10千克、尿素5～7千克，也可追施尿素7～10千克、氯化钾7～10千克，促进甜、糯玉米茎秆的成长，追氮量占总施氮量的20%～30%。施肥时应注意弱小苗多施，促进全田平衡生长（图3-7）。

玉米小喇叭口至大喇叭口期是决定雌穗大小和粒数多少的关键时期，是玉米水肥临界期，需要猛攻穗肥。这次追肥以氮肥为主。追肥量应根据前期施氮量结合目标产量的总需氮量确定，一般占总施氮量的30%～50%。可在行间距植株10～17厘米处打穴或畦边开沟深施，同时进行中耕培土或盖窝。

如在地表撒施时一定要结合灌溉或有效降雨进行，也可采取微喷、滴灌等"水肥一体化"技术（图3-8），以减少肥料损失。有条件的地方可采用中小型中耕施肥机进行施肥作业（图3-9）。

图3-7 玉米施肥

图3-8 "水肥一体化"微喷

图3-9 轻小型机动施肥机
（张中东 提供）

3.灌溉与排水 进入穗期，植株生长旺盛，雄穗和雌穗开始分化，需水量增加，干旱会造成果穗有效花数和粒数减少，还会造成抽雄困难、空秆增加。灌水时间、次数及灌水量要根据土壤水分状况灵活掌握。一般拔节后应结合施肥浇拔节水，若田间持水量低于65%就要浇水；从大喇叭口期到抽雄期为玉米需水临界期，对水分反应十分敏感，应结合施穗肥，重浇攻穗水，使土壤水分保持在田间持水量的70%～80%。若干旱缺水，低于田间持水量的50%时，就会造成"卡脖旱"，使雌、雄穗不能正常发育，抽丝散粉延迟，授粉不良。抽雄前后的灌水一定要及时、灌足，不能靠天等雨，若发现叶片萎蔫再灌水就迟了。

玉米穗期若降雨多，土壤水分过多、缺氧，易造成雌、雄穗发育受阻，空秆率增加，或造成倒伏，此期遇大雨应注意排涝。

**4. 拔除弱小株** 玉米进入大喇叭口期以后，要及时拔除不能结穗的弱小株，以提高群体整齐度，减少养分消耗，增加群体通风透光，降低倒伏风险，有利增产。

**5. 揭膜** 大喇叭口期到抽雄前，覆膜田块可把地膜全部揭掉，带出田外，集中处理。揭膜后进行培土。

**（三）病虫草害防治**

南方地区，玉米穗期多处于雨季，田间容易形成高温、高湿的小气候，诱发纹枯病、大斑病、小斑病、茎腐病（青枯病）、南方锈病、矮花叶病等病害；同时还有玉米螟、斜纹夜蛾、甜菜夜蛾、黏虫、桃蛀螟、棉铃虫、蚜虫、铁甲虫等虫害发生，应注意勤查，一旦发现，及时防治。

**图3-10　喷药防治大、小斑病**

许多病虫害在穗期发生，在花粒期表现严重。由于玉米生育后期植株高、群体密，进地防治不易，而且病害一旦流行蔓延，再用药剂防治不仅成本增加，损失无法挽回，防效也差。因此，穗期是玉米病虫害发生和防治的重要时期。叶斑病的防治需从此时开始（图3-10）。纹枯病从苗期到花粒期都可发生，但主要发生在拔节至抽雄期，此时剥脚叶和药剂防治效果较好。玉米螟也在这个时期发生和为害，孵卵高峰是用药最佳时间，可将药剂重点施于玉米喇叭口中以接触在心叶取食的幼虫，提高防效。对玉米行间杂草可用灭生性除草剂加防护罩定向喷雾防治。

## 三、花粒期管理

### （一）花粒期生长发育规律及管理要点

玉米花粒期是指从抽雄至成熟或采收。进入花粒期，根、茎、叶等营养器官基本停止生长，经过开花、授粉进入子粒产量形成阶段，是决定粒数和粒重的重要时期。子粒开始灌浆后根系和叶片开始逐渐衰亡。花粒期生育特点与管理要点如表3-3所示。

**表3-3　南方甜、糯玉米花粒期生长发育特征及管理要点**

| 历时 | 吐丝—子粒完熟：春玉米30～35天；夏秋玉米25～30天；冬玉米40～55天<br>鲜穗：20～28天采收 |
| --- | --- |
| 生育时期 | 吐丝—灌浆（采收） |

典型图片

| 生育特点 | 生殖生长 | |
| --- | --- | --- |
| | 开花、授粉、受精，胚乳母细胞分裂 | 子粒灌浆充实 |
| 生长中心 | 子粒形成 | 子粒充实 |
| 产量构成因素 | 决定粒数和粒重 | 决定粒重 |

（续）

| 灾害性天气及影响 | 吐丝期干旱或多雨等逆境胁迫影响授粉与受精，是逆境对产量影响最大的时期<br>子粒形成期和乳熟期逆境胁迫将造成子粒败育 | 乳熟期至蜡熟期逆境胁迫造成粒重下降 |
|---|---|---|
| 丰产长相与主攻目标 | 丰产长相：叶色深，雌雄穗生长良好，穗大粒多，子粒饱满<br>主攻目标：授粉受精良好，保叶护根，防倒防衰，减少绿叶损失、保粒数、增粒重 | |
| 主要措施 | 保障供水，排涝防倒，防治病虫，适期采收 | |

### （二）生产管理技术

1. **补施粒肥** 粒肥是指玉米授粉前后所施用的追肥，可养根保叶，防止后期脱肥早衰，延长绿叶功能，提高粒重。粒肥多用于高产田、密度较高及完熟期收获子粒的田块。鲜食玉米因主要采收鲜穗，一般不施粒肥。但若穗肥不足，发生脱肥的，可适当少施，具体在授粉结束后视玉米长势、长相决定。

粒肥以速效氮肥为宜，施肥量不宜过多。一般每亩可追尿素3～5千克，窝施植株根旁，或用磷酸二氢钾200～500克加尿素500克对水50千克，叶面喷施1～2次。叶面喷施可选在空气湿度大、不刮风、日照弱、温度低的时候进行，喷洒在叶面和叶背面以湿润为限，一般上午9时以前、下午5时以后喷洒，此时水分蒸发减弱，有利于作物吸收。

2. **灌溉与排水** 玉米抽雄到蜡熟需水量约占总需水量的45%，特别是抽穗开花期耗水强度大、对水分敏感，是一生当中的水分"临界期"。干旱发生的时间距离吐丝期越近，减产幅度也越大。大气干旱，空气相对湿度低于30%，会严重影响开花受精。因此，该期保持适宜的土壤水分能延长叶片的功能期，促进子粒形成，增加粒重，适宜的土壤含水量为田间持水量的70%～75%。花粒期一般应灌好两次关键水：第一次在开花至子粒形成期，是促粒数的关键水；第二次在乳熟期，是增加粒重的关键水。授粉后25天以内不能缺水，否则严重影响穗数和粒重。但收获前几天应适当控水，以利收获和提高品质。

另外，玉米生育后期，根系生长力减弱，不耐涝，若遇雨季，降雨过多，土壤水分长时间超过田间持水量的80%以上，或田间渍水，会使根的活力迅速下降，叶片变黄，也易引起倒伏和植株早衰，因此，低洼地块和雨水过多的地方应注意做好排涝。

**3. 雌雄不协调时可进行人工辅助授粉**　在玉米抽雄至吐丝期间，低温、阴雨、寡照、干旱以及极端高温等不利天气条件常会导致雌雄发育不协调，影响正常的授粉、受精，出现秃尖、缺粒等现象，影响甜、糯玉米产量与外观品质，人工辅助授粉可提高结实率。一般在盛花期选晴天上午9～11时，采用拉绳法、摇棵法，或先用采粉盘收集50～100株花粉混合后，用授粉器（如在竹筒下端包3～4层纱布或丝袜）逐株均匀地授在雌穗花丝上。隔天授粉1次，连续进行2～3次。授粉后的花丝迅速萎缩，可作为判断花丝是否授粉的标志。

待全田授粉结束后，可将雄穗全部剪掉，有利于降低玉米螟虫口基数，并降低植株高度，增强抗倒能力，减少植株上部荫蔽，改善通风透光条件，提高结实率和产量。

**4. 掰除无效小穗**　甜、糯玉米抽雄后经常出现一株多穗现象，为集中营养供应主穗，提高产量和商品性，一般每株只保留最上部1个主穗，主穗以下的小穗在吐丝后1周左右及早掰掉。对于茎秆健壮、双穗率高的品种，也可适当选留同时吐丝的双果穗。

掰穗时，可一手握住雌穗的底部，另一手将穗往左右方向掰，或在应去除幼穗着生的叶鞘侧旁，即主茎与叶鞘交界处，用小刀轻轻划一刀，然后一手扶稳玉米主茎，另一手握住幼穗苞尾，用力向刀口处拉，将幼穗折断拔出。注意操作时不要损伤主茎及叶片。掰除小穗可作玉米笋。

**（三）病虫害防治**

花粒期是植株生殖生长旺盛和子粒产量形成的关键时期，玉米植株根系吸收的营养及叶片光合作用的产物甚至植株本身的营养成分都向果穗输送，植株的抗性降低，易受到病虫害的侵袭。该时期是纹枯病、大斑病、小斑病、锈病等各种叶部病害加重为害的时期，茎腐病、穗腐病、丝黑穗病、病毒病以及疯顶病等多种病害在这个时期显症，也是果穗害虫为害的高峰期。玉米螟、蚜虫、甜菜夜蛾、梨剑纹夜蛾、斜纹夜蛾常有发生。鲜食玉米受玉米螟为害后，果穗的商品性会严重降低。此时，田间玉米植株高大郁密，加之夏季的酷热高温，田间操作困难，用药成本高。所以，针对该时期玉米发生的病虫害应提前预防，首先要利用抗病品种，然后要通过种子处理防治种传和土传的病害，对气流传播的叶斑病，在发病初期及时防治，对虫传病毒病需及时防虫。

　　由于采收时间相对较早，甜、糯玉米病虫害总体表现不如普通玉米严重。抽雄开花期后，鲜食玉米尽量避免使用化学农药，以保证无公害或绿色鲜穗上市。这个时期最重要的是防治玉米螟钻穗，如果少量发生可以人工捕杀；严重发生，可以喷施苏云金杆菌乳剂或含阿维菌素的生物农药，切忌喷施有机磷、菊酯类农药。

## 四、收获与采后处理

　　1. 确定最佳采收期　甜、糯玉米货架寿命短，对采收期要求严格。采收过早，子粒尚未充实，不仅产量低，而且食用价值亦低，糯玉米糯性不足，黑糯玉米种皮转色不够。采收过晚，甜玉米子粒内可溶性糖分和水溶性多糖被转化成淀粉，甜度下降，子粒皱缩，果皮变厚，失去特异的风味和商品性；糯玉米变成了硬玉米，风味和加工品质差（图3-11）。

　　鲜食甜、糯玉米的采收期很短，一般在授粉后的18～30天。为最大限度满足市场需要，必须在采收期内及时、分批、有序采收上市或加工。甜、糯玉米适时收获的外观标准：苞叶开始由青绿变黄绿、花丝枯萎转深褐色；穗粒饱满未出现凹陷，以手掐子粒有浓浆（若有乳浆喷出或凹陷，则为偏早或偏迟），子粒含水量70%～75%，乳线形成之前的乳熟期作为适宜采收期的标志。鲜果穗速冻加工比直接上市销售的可迟1～2天采收，用于罐头加工的可比用作速冻果穗的早采收1～2天。甜、糯玉米适宜收获时间，一般春季4～5天，夏季2～3天，冬季8～10天（图3-12）。

　　①甜玉米收获期随灌浆期的气温而发生变化。气温低，灌浆期延长，气温高，灌浆期缩短，气温30℃以上时灌浆期只有15～16天。在广东省调查，不同类型甜玉米适宜采摘期的有效积温如表3-4

图3-11　鲜穗玉米收获

图3-12　适期采收的甜玉米果穗

所示。春、夏播甜玉米灌浆与采收期处在高温季节，适宜采收期一般在吐丝后18～25天。秋播甜玉米采收期处在秋季凉爽季节，适宜采收期一般在吐丝后22～28天；晚秋和冬种的甜玉米在灌浆期遇气温下降，采收期略推迟一些。多穗型甜玉米或玉米笋分期采收。

表3-4　甜玉米适宜采收期

| 类　型 | 授粉后积温（≥10℃） | 授粉后天数（天） | 举　例 |
|---|---|---|---|
| 普通甜玉米（su₁su₁） | 260～320 | 18～22 | 普甜13 |
| 超甜玉米（sh₂sh₂） | 310～400 | 20～25 | 绿色超人，超甜2000 |
| 加强、半加强甜玉米 | 260～400 | 18～28 | 华珍，甜单8号 |

②一般糯玉米春播在吐丝授粉后23天前后，夏播在吐丝授粉后20天前后，秋播在吐丝授粉后26天前后收获为宜。不同年份玉米适宜采收期在吐丝授粉后的天数存在较大差异，主要受制于授粉后有效积温的变化。研究表明，糯玉米最适采收期的有效积温在330～380℃，低于310℃时，鲜食口感较嫩且没有糯性；当有效积温超过440℃时，鲜食品质明显变差。

③鲜食玉米春季采收宜选择在晴天上午9时前或下午4时后进行，秋季采收上午可延迟1小时、下午可提前1小时，以防止果穗高温曝晒，影响产品质量。

2. 分级　在国家鲜食玉米记载项目和标准（试行）中，根据外观性状、色泽、子粒排列、饱满度和柔嫩性、食味和口感、种皮厚度6项指标将鲜食甜、糯玉米感官品质分为3级（表3-5）。

表3-5　鲜食玉米感官等级指标

| 指　标 | 一级 | 二级 | 三级 |
|---|---|---|---|
| 外观 | 新鲜清洁，有本品种应有特性，穗型一致，大小相同，苞叶完整，新鲜嫩绿 | 新鲜清洁，有本品种应有特征，穗型一致，大小稍有不同，苞叶完整稍有松散，新鲜略带黄色 | 基本具有本品种特征，穗型稍有改变，大小明显不同，苞叶稍黄、稍干，有少量脱落、松散 |
| 子粒色泽 | 色泽一致 | 色泽一致，个别子粒可稍有差异 | 色泽基本一致，少量子粒明显有差异 |
| 子粒排列 | 排列规则、紧密，无秃尖、虫咬、霉变及损伤 | 排列规则、紧密，秃尖不超过果穗长的1/10，虫咬、霉变、损伤粒＜5粒 | 排列基本整齐，秃尖不超过果穗长1/8，有个别空瘪粒、虫咬粒及霉变粒，可稍有损伤粒6～15粒 |

（续）

| 指　标 | 一级 | 二级 | 三级 |
|---|---|---|---|
| 饱满度，柔嫩性 | 子粒饱满，柔嫩适当，手掐有白浆 | 子粒饱满，柔嫩度稍差，手掐或多或少有白浆 | 子粒饱满，但柔嫩度较差，嫩浆呈水头或浆太少 |
| 食味、口感 | 特有香甜可口风味 | 较香甜可口 | 香甜味稍差 |
| 种皮厚度 | 子粒皮薄，无渣，脆 | 子粒皮稍薄，有渣不明显，稍脆 | 子粒皮稍厚，有渣不脆 |

　　3. 包装　无公害农产品的包装要求如下：

　　①包装材料。外包装（箱、筐）应牢固、清洁、无异味、无毒、便于装运；内包装材料卫生指标应符合GB9687（食品包装用聚乙烯成型品卫生标准）或 GB9688（食品包装用聚丙烯成型品卫生标准）的规定。

　　②包装规格。根据生产和市场的实际需要而定。每批报检的鲜果穗其包装规格、单位重量应一致。

　　③包装检验规则。逐件称量抽取的样品，每件的净重不应低于包装标识的重量。

　　4. 堆放与贮存　鲜穗玉米带苞叶（或留5～6厘米茎秆）采收，可起到保鲜、卫生、耐运输的作用。一般清晨带苞叶采收，确保鲜果穗水分含量、子粒完整性和果皮嫩度，以利贮运及延长保鲜期。鲜果穗采收后及时上市供应或加工，不宜在常温条件下存放，否则将导致糖分下降、子粒变色、品质和风味降低。一般要求在采收后6小时内完成保鲜处理，12小时内完成加工处理，尽量做到不隔夜。夏季温度高，超甜玉米采收到加工不宜超过6小时，普通甜玉米不宜超过3小时，最好随采收随上市。如要隔夜上市销售的，则应安排在傍晚前采收。

　　鲜穗玉米临时存贮应放在清洁、避光、低温、通风、阴凉、无鼠害和虫害的地方，防止日晒、雨淋，不得与有毒、有害、有异味和腐蚀性物品混合存放，且不宜堆放。堆放易发热、变质。玉米穗在阳光下暴露太久，苞叶失水变黄，甜度下降，影响外观品质。短期保鲜应注意不要剥去苞叶，用透气性良好的箩筐或网袋装，运输途中尽可能摊开以降低温度。加冰块可延长存贮期。

温度是影响存贮鲜食品质的关键因素，低温可有效地延缓鲜食品质劣变。贮存温度在10℃以下，空气相对湿度保持在90%～95%，存放时间为1～2天；0℃时，可存放3～4天；放置于冷藏柜或冰冻室内，保存期可达14天左右；在−21℃下，可贮藏90天以上。

贮存时按照品种、规格分别贮存。

5. 运输  鲜食甜、糯玉米的运输可采用清洁、干燥、无毒无害的冷藏车或货车，且不得与有毒、有害、有腐蚀性、易发霉、发潮的货物混装运输。

## 五、秸秆处理

南方地区鲜食玉米秸秆主要用于饲料，还田方式有间接还田（养畜过腹还田、沤肥还田）和直接还田（翻耕还田、覆盖还田）。此外，玉米秸秆还可以用于食用菌栽培，加工制造纤维素、人造丝、纸张；穗轴可以加工制造电工软木塞、建筑材料和糠醛等。

### （一）青饲或青贮

甜、糯玉米茎叶多汁柔软、营养价值高，是上好的青饲料，鲜果穗采收后应及时刈割饲喂或加工青贮。生产甜、糯玉米时相应发展养殖业，可使茎叶秸秆得到综合利用。据报道，用甜玉米茎叶饲喂奶牛比喂青草产奶量提高10%以上。此外，为了提高茎叶的营养、增加含糖量，青穗采收后，植株在田间继续生长5～7天一般可增加茎叶含糖量的5%左右（图3-13）。

玉米青贮收割部位应在茎基部距地面3～5厘米以上，因为茎基部比较坚硬，青贮发酵后适口性较差，在切碎时还容易损坏刀具；另外，提高收割部位可以减少杂质杂菌等带入窖内而影响青贮发酵的质量。大面积鲜食玉米青贮最好采用青贮收割机。玉米青贮机械收获要求，秸秆含水量≥65%，秸秆切碎长度≤3厘米，切碎合格率≥90%，割茬高度≤15厘米，收割损失率≤5%（图3-14）。

### （二）秸秆还田

玉米秸秆还田方式多样（图3-15）。随着机械化收获和秸秆粉碎机械作业的推广，未来玉米秸秆直接还田的面积将逐步扩大。秸秆

青饲饲喂

打包青贮

青 饲

窖 贮

青贮饲喂

图3-13 甜、糯玉米茎叶青饲或做青贮饲料

图3-14 玉米秸秆收获青贮

还田后，由于田间存在大量玉米秸秆，若处理不当，不仅影响整地、播种，田间出苗不齐，缺苗断垄，还会因秸秆还田后土壤碳氮比失调、秸秆上携带病菌和虫卵等，为害下茬作物生长。

1. 提高秸秆粉碎质量　秸秆粉碎要细碎均匀，长度不大于10厘米，留茬高度低于10厘米，田间尽量不留长秸秆，确保粉碎后的秸秆均匀铺在田间。

2. 补充氮肥　在正常施肥情况下，秸秆还田的地可按还田干秸秆量的0.5%～1%增施氮肥，调节C/N比。一般每亩增施尿素5～7.5千克，翻耕或旋耕前均匀撒在粉碎后的玉米秸秆上。

3. 及时整地，翻耕与旋耕结合　用旋耕机旋耕2遍，将碎秸秆全部翻埋在土下，做到土碎地平，上虚下实；根据当地生产条件，2～3年翻耕一次，深度20厘米以上。

秸秆粉碎旋耕还田

整秸铺放行间
（左图由杨文钰　提供）

整秸铺放行间　　　　　　　　覆盖种植中药材

根茬还田　　　　　　　　　　移垄埋秆

过腹还田

图3-15　玉米秸秆还田方式

# 第四部分  除草剂的使用

## 一、苗前化学除草

对于净作玉米地，在播种后出苗前土壤较湿润时，趁墒对玉米田进行"封闭"除草（图4-1），或在覆膜前喷洒。应仔细阅读所购

**图4-1  播后芽前喷洒除草剂**

除草剂的使用说明，既要保证除草效果，又不影响玉米及下茬作物的生长。使用除草剂时，应不重喷、不漏喷，以土壤表面湿润为原则，利于药膜形成，达到封闭地面的作用。作业时尽量避免在中午高温（超过32℃）时喷洒，以免出现药害和人畜中毒，同时要防止在大风天喷洒，避免因除草剂飘移为害其他作物。间套作玉米地，需选择对两种作物都安全的除草剂。移栽田可在移栽苗成活后，每亩用阿特拉津100～150克对水50千克喷洒畦面及沟面。

通常鲜食玉米对除草剂较普通玉米敏感，容易出现药害。因此，对不同的品种在使用除草剂前需要做试验探明安全性、适宜的施药剂量和时间。一般情况下，盲目增加药量、多年使用单一药剂、几种除草剂自行混配使用、施药时土壤湿度过大、出苗前遭遇低温等情况下会引起药害。常见药害表现为种子幼芽扭曲不能出土；生长受抑制，心叶卷曲呈鞭状，或不能抽出，呈D形；叶片变形、皱缩；叶色深绿或浓绿；初生根增多，或须根短粗，没有次生根或次生根稀疏；根茎节肿大；植株矮化等（表4-1）。

表4-1　常用玉米苗前除草剂及其使用注意事项

| 除草剂类型 | 有效成分 | 防治对象 | 注意事项 | 药害表现 | 挽救措施 |
|---|---|---|---|---|---|
| 酰胺类 | 甲草胺、乙草胺、异丙甲草胺、异丙草胺、丙草胺、丁草胺、克草胺、精异丙甲草胺 | 一年生禾本科杂草、部分阔叶杂草 | 必须在杂草出土前施药，喷施药剂前后，土壤宜保持湿润。温度偏高或沙质土壤用药量宜低，气温较低或黏质土壤用药量可适当偏高 | 玉米植株矮化；有的种子不能出土，幼芽生长受抑制，茎叶卷缩、叶片变形、心叶卷曲不能伸展，有时呈鞭状，其余叶片皱缩，根茎变褐、须根减少，生长缓慢<br /><br /><br />乙草胺药害（右为对照） | 喷施赤霉素溶液可缓解药害；趟地、灌水等措施，尽量把土壤中的残留药剂冲洗掉；人工剥离将心叶展开 |
| 苯甲酸类 | 麦草畏 | 阔叶杂草 | 药液不能与种子接触，以免发生伤苗现象。有机质含量低的土壤易产生药害 | 苗前使用过量时，初生根增多，玉米生长受抑制，叶变窄、扭卷，叶尖、叶缘枯干，茎秆变脆易折<br />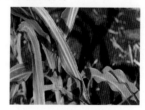<br />麦草畏＋氟吡草腙混配药害<br />（引自徐秀德等，2009） | 适当增加锄地的深度和次数，增强玉米根系对水分和养分的吸收；喷施植物生长调节剂如赤霉素、芸薹素内酯等或叶面肥，减轻药害 |
| 二硝基苯胺 | 二甲戊乐灵、氟乐灵 | 杂草 | 二甲戊乐灵土壤处理后接触种子，或施药后遇低温、高温天气，或施药量过高，易产生药害；土壤沙性重，有机质含量低的田块不宜苗前使用。玉米对氟乐灵较敏感，土壤残留或误施可能造成药害 | 茎叶卷缩、畸形，叶片变短、变宽、褪绿，生长受到抑制。须根变得又短又粗，没有次生根或者次生根稀疏，根尖膨大呈棒状<br /><br />二甲戊乐灵药害<br />（右为对照） | 加强田间管理，增强玉米根系对水分和养分的吸收；喷施叶面肥或植物生长调节剂赤霉素、芸薹素内酯等，减轻药害 |

（续）

| 除草剂类型 | 有效成分 | 防治对象 | 注意事项 | 药害表现 | 挽救措施 |
|---|---|---|---|---|---|
| 三氮苯类 | 莠去津、西草净、莠灭净、西玛津、扑草净、嗪草酮 | 部分禾本科杂草及阔叶杂草 | 有机质含量低的沙质土壤容易产生药害，不宜使用。有机质含量超过6%的土壤，不宜作土壤处理，以茎叶处理为好　部分药剂残效期长，对后茬敏感作物有不良影响，如大豆、水稻、谷子、甜菜、油菜、亚麻、西瓜、甜瓜、小麦、大麦、蔬菜等做后茬时不宜使用。玉米套种豆类，不宜使用莠去津 | 从心叶开始，叶片从尖端及边缘开始叶脉间褪绿变黄，后变褐枯死，植株生长受到抑制并逐渐枯萎<br /><br />扑草净药害<br />（右为对照） | 随植株生长叶色可转绿，恢复正常生长；严重时喷叶面肥或植物生长调节剂赤霉素、芸薹素内酯等减轻药害 |
| 有机磷类 | 草甘膦、草甘膦异丙胺盐、草甘膦铵盐 | 田间地头已出土杂草 | 无风天气下喷施，切忌飘移到周围作物上；在喷雾器上加戴保护罩定向喷雾，尽可能减少雾滴接触叶片；施药4小时内遇雨应酌情补喷。草甘膦与土壤接触立即失去活性，稀释药剂需用清水 | 着药叶片先水浸状，叶尖、叶缘黄枯，后逐渐干枯，整个植株呈脱水状，叶片向内卷曲，生长受到严重抑制<br /><br />草甘膦药害<br />（引自徐秀德等，2009） | 遇土钝化，苗前使用对玉米无药害 |
| 取代脲类 | 绿麦隆、利谷隆 | 一年生杂草 | 施药时应保持土壤湿润。有机质含量过高或过低的土壤不宜使用。残效时间长，对后茬敏感作物有影响 | 植株矮小，叶片褪绿，心叶从叶尖开始，发黄枯死<br /><br />异丙隆药害<br />（右为对照） | 根外追施尿素和磷酸二氢钾，增强玉米生长活力 |

（续）

| 除草剂类型 | 有效成分 | 防治对象 | 注意事项 | 药害表现 | 挽救措施 |
|---|---|---|---|---|---|
| 联吡啶 | 百草枯 | 田间地头已出土杂草 | 灭生性除草剂，施药时切忌污染其他作物。无风天气下喷施，配药、喷药时要有防护措施 | 着药叶片产生枯斑，斑点大小、疏密程度不一，未着药叶片正常。施药时苗较小或施药量过大会造成死苗、减产 | 遇土钝化，苗前使用对玉米无药害 |

（引自徐秀德等，2009）

（引自徐秀德等，2009）

## 二、苗后化学除草

未封闭除草或封闭失败的田块，可进行苗后化学除草。南方地区玉米种植多在丘陵山地，土地不平整，致使土壤封闭除草剂的防效受到影响，加之雨水偏多，田间杂草更加茂密，因此，苗后田间除草很有必要。

玉米3～5叶期是施用茎叶处理除草剂的最佳时间。南方地区玉米田杂草群落复杂多样，给除草剂选择带来困难，需针对田间杂草的种类选择对玉米品种安全的除草剂（图4-2）。在玉米生长中后期，可用灭生性除草剂进行行间除草，但需使用安全罩，避免药液或雾滴喷洒到玉米植株上（图4-3）。

图4-2 苗期喷洒除草剂及喷后4天效果　　图4-3 苗后施灭生性除草剂
　　　　　　　　　　　　　　　　　　　　　　　加装防护罩

一旦出现除草剂药害，要通过浇水和喷施植物生长调节剂来促进植株生长，缓解药害。对扭曲叶片需人工剖开，助心叶展开。如果药害不严重，加强管理后，玉米可以恢复；如果心叶已经腐烂坏死，或者生长停滞，需补种或毁种（表4-2）。

表4-2　苗后除草剂的药害

| 除草剂类型 | 名称 | 药害表现 | 使用注意事项 |
|---|---|---|---|
| 苯氧羧酸 | 2，4-D丁酯、2甲4氯、2甲4氯钠、2甲4氯钠盐、2，4-D异辛酯、2，4-D二甲胺盐 | 叶色浓绿，严重时叶片变黄，干枯；茎扭曲，叶片变窄，有时皱缩，心叶卷曲呈"葱管"状；茎秆脆、易折断，茎基部鹅头状，支撑根短，连在一起，易倒伏。严重的叶片变黄、干枯，无雌穗<br><br>心叶"葱管"状（张敏 提供） | ①无风情况下施药，使用时尽量避开棉花、大豆、向日葵、蔬菜、瓜类等敏感作物②不得与酸碱性物质接触。不得与种子、化肥一起贮存。喷施药械最好专用③可喷洒赤霉素或撒石灰、草木灰或活性炭等，以减轻药害 |
| 杂环化合物 | 甲基磺草酮（硝磺草酮）、嗪草酸甲酯 | 甲基磺草酮：叶片局部白化现象。嗪草酸甲酯：玉米叶尖发黄，叶片出现灼伤斑点<br>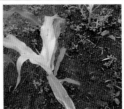<br>叶片局部白化 | 正常剂量下对玉米安全；施药1小时后降雨，不必重喷；低温影响防治效果；甜玉米和爆裂玉米不宜使用 |

（续）

| 除草剂类型 | 名称 | 药害表现 | 使用注意事项 |
|---|---|---|---|
| 磺酰脲类 | 烟嘧磺隆、噻吩磺隆、砜嘧磺隆 | 心叶褪绿、变黄、黄白色或紫红色，或叶片出现不规则的褪绿斑；或叶缘皱缩，心叶不能正常抽出和展开；或植株矮化、丛生<br><br>土壤中残留造成的药害症状多为玉米3～4叶期呈现紫红色和紫色 | ①烟嘧磺隆在玉米3～5叶期，噻吩磺隆、砜嘧磺隆在玉米4叶期前施药为安全期；遇高温干旱、低温多雨、连续暴雨积水易产生药害。施药前后7天内，尽量避免使用有机磷农药<br>②玉米对氯嘧磺隆、苯磺隆、氯磺隆敏感，避免在这些除草剂残留地块中播种 |
| 三氮苯类 | 莠去津、氰草津 | 从叶片尖端及边缘开始叶脉间失绿变黄，后变褐枯死，心叶扭曲，生长受到抑制 | 莠去津持效期长，勿盲目增加药量，以免对后茬敏感作物产生药害。氰草津在土壤有机质含量低、沙质土或盐碱地易出现药害，玉米4叶期后使用易产生药害 |
| 三酮类 | 磺草酮 | 叶片叶脉一侧或两侧出现黄化条斑，严重时呈白化条斑 | 玉米2～3叶期施药，禾本科杂草3叶后对该药抵抗力增强；无风天气下施用；玉米、大豆套种田不宜使用 |

叶片不规则褪绿斑

氯嘧磺隆药害
（引自徐秀德等，2009）

心叶扭曲

叶脉两侧黄化条斑

（续）

| 除草剂类型 | 名称 | 药害表现 | | 使用注意事项 |
|---|---|---|---|---|
| 联吡啶 | 百草枯 | 着药叶片先迅速产生水渍状灰绿色斑、产生枯斑，斑点大小、疏密程度不一，边缘常黄褐色，未着药叶片正常。受害严重时，叶片枯萎下垂，植株枯死 | <br>着药部位不均匀枯斑<br> | 灭生性除草剂，施药时切忌污染作物；无风天气下喷施，配药、喷药时要有防护措施，戴橡胶手套、口罩、穿工作服 |
| 腈类 | 溴苯腈、辛酰溴苯腈 | 溴苯腈：着药叶片出现明显的枯死斑，新出叶片无药害现象<br>辛酰溴苯腈：用药后玉米叶有水渍状斑点，之后斑点发黄，有明显的灼烧状，但不扩展 | <br> | 3～6叶期施药，勿在高温天气用药，施药后需6小时内无雨；不宜与碱性农药混用，不能与肥料混用，也不能添加助剂。不可直接喷在玉米苗上 |

# 第五部分　生长异常

## 一、出苗率低

在适宜条件下，南方春玉米播种后10天，夏、秋玉米播种后5天左右即可出苗。甜玉米因种子淀粉含量少，子粒皱缩、凹陷、干瘪、粒重低而导致萌发力低，顶土力差，苗势弱；加之子粒和幼苗鲜甜可口，易遭鼠、虫为害，较普通玉米更易出现缺苗断垄。

由于品种、种子自身原因或在萌发过程中受到外界不良环境条件影响，出现种子霉烂、不能正常萌发和缺苗断垄、苗情质量差等现象，主要原因如表5-1。

表5-1　玉米出苗率低的原因及解决措施

| 可能原因 | 措施 |
| --- | --- |
| 干旱造成地表土含水量低 | 抗旱播种；坐水种；适度调整播种期 |
| 土壤含水量过高 | 及时排水、散墒，适度调整播种期 |
| 土壤板结结壳，尤其黏重土质及大雨后 | 选择地势平坦、土壤肥沃的沙壤土和壤土；增施有机肥，改良土壤，打破犁底层，实施保护性耕作；破除板结 |
| 种子未播在湿土层 | 将种子播在湿土上，紧贴湿土 |
| 种子质量差，发芽率、发芽势低 | 选用达到国家标准及发芽势高的种子；播前精选种子，发芽试验，适当增加播种量 |
| 种子覆土过深或过浅，覆土过厚不易出苗；覆土过薄、干湿不均，则出苗不匀 | 提高整地水平和播种质量，整地均匀，播深合理；平地发展机械播种 |
| 播后未镇压，造成跑墒、种子不发芽或发芽后易"吊死" | 播后镇压 |
| 种子处理方法不当 | 按照包衣剂使用要求处理 |
| 地下害虫与鼠害 | 选择适宜药剂包衣；加强防治金针虫、地老虎、蝼蛄等地下害虫和害鼠；育苗移栽 |

（续）

| 可能原因 | 措施 |
|---|---|
| 种肥、基肥烧苗 | 控制肥量，种、肥隔离；并注意羊粪、鸡粪等过量烧苗，腐熟处理 |
| 低温影响 | 适期播种，5厘米地温稳定通过12℃播种，地膜覆盖栽培 |
| 除草剂药害 | 掌握使用方法，科学使用除草剂，及时准确应用挽救措施 |
| 品种出苗率低，苗期长势弱 | 选育和选用良种 |
| 前茬秸秆过多及机械播种质量不高 | 提高秸秆处理水平，保证播种质量 |
| 机械作业造成缺苗断垄 | 提高机械作业水平 |
| 土壤含盐量高等其他障碍因素 | 改良土壤 |

## 二、苗期生理异常

### 1. 玉米缺素症及防治方法（表5-2）

①根据植株分析和土壤化验结果及缺素症状正确诊断。

②采用配方施肥技术，按量补施所缺营养元素肥料。

③可采用单元或多元微肥拌种、底施或叶面追肥。如微肥拌种，硼、锌、钼每千克种子用量2～4克。如施用锌肥，可用4克硫酸锌溶于70克温水中，将溶液均匀喷洒在1千克种子上，堆闷1小时，摊开晾干即可播种。缺锌也可亩施硫酸锌1.5～2.0千克（注意：一般土施微量元素肥料2～3年1次，不可连年施用）。

在缺素症发生初期，对症喷施叶面肥。缺氮用0.5%的尿素溶液；缺磷或缺钾，用0.2%～0.3%的磷酸二氢钾；缺镁可用0.1%～0.2%硫酸镁溶液，缺锌可用0.1%～0.2%硫酸锌溶液，缺铁可用0.2%～0.3%硫酸亚铁溶液，缺硼可用0.1%～0.15%硼砂溶液或0.1%硼酸溶液，缺锰可用0.2%硫酸锰溶液，喷2～3次，每次间隔7～10天；缺铜可亩追施硫酸铜1千克或用0.2%硫酸铜溶液叶面喷施。

## 表5-2 玉米缺素症

| 缺氮 | 缺磷 | 缺钾 | 缺钙 |
|------|------|------|------|
|  |  | 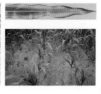 | <br>（引自全国农业技术推广服务中心，2011） |
| 植株生长缓慢，矮小；叶色褪绿从叶尖开始变黄，沿中脉发展，呈V形，上部叶片黄绿、下部叶由黄变枯。土壤缺氮或大雨后氮素淋失与反硝化严重地块易发生<br><br>氮素供应过多时，营养生长旺盛，植株徒长，贪青，不利于子粒灌浆，植株柔软多汁，茎秆抗倒与抗病虫害能力下降 | 植株生长缓慢，瘦弱，茎基部、叶鞘、下部叶片甚至全株呈现紫红色，严重时叶尖枯死呈褐色；根系不发达，抽雄吐丝延迟，雌穗授粉受阻，结实不良。穗短小、弯曲，子粒不饱满，常出现秃尖现象<br><br>常发生在苗期，土壤温度低并且湿度大或干旱、紧实的田块。根系受病、虫、除草剂、肥害及栽培措施不当造成发育不良时也容易发生 | 幼苗发育缓慢，中下部老叶叶尖及叶缘呈黄色或似火红焦枯，并褪绿、坏死或破碎；节间缩短，茎秆细弱，易倒伏。如严重缺钾，植株生长矮小，果穗发育不良，顶端特别尖细，秃尖严重<br><br>烂根、干旱、紧实土壤影响根系生长，易表现出缺钾，有效钾含量低、沙性土、少免耕、前茬种植需钾量高的作物地块及旱季也易发生 | 植株生长不良，心叶不能伸展，有的叶尖黏合在一起；新叶叶尖及叶片前端叶缘焦枯，并出现不规则的齿状缺裂。土壤酸度过高（pH5.5以下）、有机质含量低或钾、镁含量过高的地块易发生 |

| 缺镁 | 缺硫 | 缺铁 | 缺锰 |
|------|------|------|------|
| <br>（引自全国农业技术推广服务中心，2011） |  | <br>（引自全国农业技术推广服务中心，2011） | <br>（引自全国农业技术推广服务中心，2011） |

（续）

| 缺镁 | 缺硫 | 缺铁 | 缺锰 |
|---|---|---|---|
| 上部幼叶发黄，下位叶前端脉间失绿，并逐渐向叶基部发展，叶脉保持绿色，呈黄绿相间的条纹，严重时叶尖干枯，失绿部位出现褐色斑点或条斑，植株矮化 | 植株矮化、心叶发黄，成熟期延迟。土壤缺硫，pH低、沙性土、有机质含量低、水蚀重、坡地、免耕地及春季土温低、干旱土壤易发生 | 叶绿素形成受抑，上部叶片叶脉间出现浅绿色至白色或全叶变色。最幼嫩的叶片可能完全白色，全部无叶绿素。植株严重矮化 | 幼叶脉间组织慢慢变黄，形成黄绿相间条纹，叶片弯曲下披。较基部叶片出现灰绿色斑点或条纹。pH低、沙性土、降雨多的土壤易发生 |

| 缺硼 | 缺锌 | 缺铜 |
|---|---|---|
| <br>（引自全国农业技术推广服务中心，2011）<br><br>（引自马国瑞等，2002） | <br>（引自马国瑞等，2002）<br> | <br>（引自全国农业技术推广服务中心，2011）<br> |
| 嫩叶叶脉间出现不规则白色斑点，可融合呈白色条纹，严重时节间伸长受抑或不能抽雄或吐丝、授粉不良，穗短、粒少。土壤缺硼、干旱、酸度高或沙土地易出现 | 叶片具浅白条纹，由基部向顶部扩张，严重时白化斑块变宽，整株失绿成白化苗。节间明显缩短，植株严重矮化。缺锌多发生在pH≥6的石灰性土壤上和土温低、湿度大、有机质含量低的土壤及土壤或肥料中含磷过多的情况下 | 叶片刚伸出就黄化，严重缺乏时，植株矮小，嫩叶缺绿，顶端枯死后形成丛生，叶色灰黄或红黄有白色斑点，果穗发育差 |

## 2.幼苗生长异常及原因（表5-3）

### 表5-3 玉米幼苗生长异常及其原因

| 红叶苗 | 黄叶苗 | 花叶苗 | 僵化苗 |
|---|---|---|---|

（引自马国瑞等，2002）

| 红叶苗 | 黄叶苗 | 花叶苗 | 僵化苗 |
|---|---|---|---|
| 地温低、湿或土壤紧实时，根系吸收能力减弱，幼苗代谢缓慢，叶片叶绿素减少而发红。品种间有差异。温度回升后多能缓解 | 幼苗叶色淡绿，然后逐渐变黄，叶片细窄，植株矮小，生长缓慢，根系发育差<br><br>原因：影响玉米生长的障碍因素均会造成幼苗生长不良。如种子不饱满，禾苗不壮，播种过深，出苗弱，密度过大；水渍苗，特别是低洼地块，排水不良；土壤缺肥，除草剂使用不合理；受到病虫为害以及污水灌溉污染等 | 叶片上有黄绿或黄白相间的条纹，或黄绿斑驳<br><br>原因：矮花叶病、地下害虫为害、缺素症、遗传性条纹 | 苗龄长而苗体小，地上部颜色较深，暗淡无光，硬脆无韧性，根系老化，发棵慢<br><br>原因：土壤板结；化肥用量过大，种、肥隔离不足；播后土壤干旱；地温低<br><br>措施：及时中耕，提高地温，叶面喷肥，促其快速恢复；治盐碱；底肥不施氯化钾等含氯肥料 |

| 肥害 | 分蘖 | 牛尾巴苗 |
|---|---|---|

| 肥害 | 分蘖 | 牛尾巴苗 |
|---|---|---|
| 过多的可溶性氮、钾等肥料接近种子时，会抑制种子发芽或致出苗不齐、缺苗、植株生长缓慢、根系变褐、幼苗矮化、叶色变黄甚至逐步枯死。轻度肥害发生时，叶片边缘褪绿变黄或变白枯死，叶面皱缩；严重时，叶面出现失水褪绿斑，并很快干枯。肥料落入心叶中会烧伤生长点和叶片 | 出苗至拔节阶段，玉米植株基部节上的腋芽长出多个侧枝，称为分蘖（丫子） | 上部叶片扭曲形成葱状叶，下部茎叶浓绿、丛生，初生根畸形上卷不与土壤接触，雄穗很难抽出，植株脆、易折 |

（续）

| 肥　害 | 分　蘖 | 牛尾巴苗 |
|---|---|---|
| 原因：化肥过量或施肥种类、方法不当或劣质化肥。天气干旱根系生长缓慢、吸水受限时更易发生。肥害后要及时大水漫灌，缓解症状 | 原因：品种特性；苗期低温、干旱，群体密度过小，施肥过多，玉米粗缩病、疯顶病和丝黑穗病等病害。分蘖要及时拔除 | 原因：多为除草剂药害或蓟马为害所致，也有品种遗传生理性问题措施：防治蓟马；除草剂药害防治见本书"除草剂的使用"部分 |

3.遗传性病害　有一类因植物自身遗传因子或先天性缺陷引起的病害称为遗传性病害，病斑上分离不到病原菌，属于非侵染性病害，如遗传性条纹病、黄绿苗和生理性红叶病等。应避免用有遗传性病害自交系作育种亲本材料（表5-4）。

表5-4　玉米遗传性病害

| 遗传性条纹病 | 遗传性斑点病 | 白化苗 | 黄绿苗 |
|---|---|---|---|

4.植株畸形　主要表现为矮化、丛生、器官变态、卷叶、徒长、肿瘤等，主要由病虫害或除草剂药害造成，参见相关章节。

三、花粒期生长异常

见表5-5。

表5-5 玉米花粒期生长异常及其防治

| 类型 | 典型症状与为害 | 原因 | 技术措施 |
|---|---|---|---|
| 雌雄穗不协调 | 雌穗抽丝期与雄穗散粉期不一致，即雌雄花期不遇，从而影响授粉和结实，造成空秆和结实率下降 | 品种遗传特性；对干旱、高温、阴雨寡照等不良环境条件反应敏感，导致雌雄花期间隔延长 | ①选用雌雄发育协调、对环境反应不敏感的品种 ②注意肥水供应，防止干旱、涝淹及脱肥 ③若雄穗早出，可将果穗苞叶剪掉1厘米左右；若吐丝偏早，可剪短花丝，使花期协调 ④人工辅助授粉 |
| 空秆 | 无穗或有穗无粒（果穗结实在20粒以下） | 品种不适合当地生态条件；密度偏大、施肥量不足造成雌雄穗营养不良；抽雄授粉期前后高温干旱，不能正常授粉受精；抽雄散粉时期连绵阴雨影响授粉；营养失调；种子纯度低、田间管理、病虫草为害等造成的田间整齐度差或缺苗后补种、补栽造成的小弱苗 | ①选用良种和高纯度的种子，合理密植 ②提高播种质量，选留壮苗匀苗，提高群体生长整齐度 ③保障大喇叭口至子粒建成期水肥供给 ④及时防治病虫草害 ⑤遇不良条件，人工辅助授粉 |

（续）

| 类型 | 典型症状与为害 | 原　因 | 技术措施 |
|---|---|---|---|
| 秃尖 | 果穗顶部不结实，穗粒数减少 | 授粉、子粒形成及灌浆阶段遇干旱、高温或低温、连续阴雨、缺氮、叶部病害等。库大源小类品种、或对光、温、水反应敏感的品种；土地瘠薄，水分供应不足，后期脱肥；种植过密情况下更容易发生 | 选用抗／耐病虫、适应性强、结实性好的品种；合理密植，遇不良条件，人工辅助授粉；科学肥水管理；保证大喇叭口期至灌浆期水肥供给；及时防治病虫草害；防止杀虫剂和除草剂药害 |
| 子粒不饱满 | 粒瘪、皱缩、穗轻 | 玉米早衰或干旱、叶部病害、茎腐病、严重缺钾、灌浆期遭受冰雹、霜冻为害等，造成营养不足、灌浆不好 | |
| 缺籽 | 果穗一侧自基部到顶部整行没有子粒，穗形多向缺粒一侧弯曲（形似香蕉）；或果穗结很少粒，呈散乱分布；或果穗顶部子粒细小，呈白色或黄白色，形成秃尖 | 品种遗传因素，孕穗期、授粉、子粒形成及灌浆期遇高（≥35℃）、低（≤15℃）温、干旱、阴雨、寡照及缺氮缺磷、除草剂为害；虫食；种植密度偏大，叶部病害、茎腐病和蚜虫为害等造成花期不遇、授粉不良或子粒败育 | |

（续）

| 类型 | 典型症状与为害 | 原 因 | 技术措施 |
|---|---|---|---|
| 果穗畸形 | 果穗呈脚掌状、哑铃状等畸形 | 哑铃状果穗可能与果穗中部的花丝因阴雨或某些不明原因造成不能受精有关。脚掌状等果穗发生畸形的原因不详 | 为偶发现象，不需预防 |
| 子粒发霉 | 果穗上出现发霉子粒。不同穗腐病菌造成的霉变子粒颜色不同，有粉白色、砖红色、墨绿色、黄色、黑色、灰色等 | 穗腐病的发生与气候条件密切相关。灌浆成熟阶段如遇连续阴雨天气易发生。果穗被害虫咬食后穗腐病发生更重 | 防治穗腐病及玉米螟 |
| 穗发芽 | 灌浆成熟阶段遇阴雨或在潮湿条件下，种子在母体果穗或花序上发芽的现象，制种田较常见。倒伏玉米易发生穗发芽 | 休眠期短的品种 | ① 选用休眠期长的品种<br>② 药剂防治。PP333具有抑制内源GA合成、防止穗发芽的作用 |

（续）

| 类型 | 典型症状与为害 | 原　因 | 技术措施 |
|---|---|---|---|
| 多穗 |  一株结2个以上果穗 | 第一果穗发育受阻或授粉、受精不良；品种特性；碳、氮代谢不协调，种植密度过大、过小；苗期生长受阻，抽雄开花期肥水过多、生长过旺等因素，引起多个节上发育成熟的雌性花序，导致多穗 | ①选择适宜的优良品种。不宜选用易产生多穗的自交系作育种材料<br>②加强水肥管理，保证雌、雄穗均衡发育<br>③适时播种，合理密植<br>④加强田间管理，发现多穗及时掰掉，避免消耗养分<br>⑤甜玉米果穗多，可在抽丝期人工疏果2～3次，剔除小果穗，每株留1穗，使单个玉米果穗子粒生长饱满，果穗大小一致，提高产量和商品性。摘取的下部穗可做玉米笋 |
| 香蕉穗 |  由主果穗苞叶叶芽发育，形成如香蕉的多个无效穗 | 主果穗发育受阻或授粉、受精不良。与品种基因型及环境条件诱发有关，具体原因不详 | |
| 二级果穗 |  | 主果穗苞叶叶芽发育形成 | |

（续）

| 类型 | 典型症状与为害 | | 原 因 | 技术措施 |
|---|---|---|---|---|
| 顶生雌穗 |  | | 多为分蘖形成的果穗。品种特性因素 | 属偶发现象，不需要预防 |
| | | | 当植株生长点受到冰雹、涝害、除草剂及机械等损伤后，发生分蘖，易产生顶生雌穗。一些品种在早期土壤紧实或水分饱和情况下易发生 | |
| 雄穗结实 |  | | 多在顶端雄穗结实形成子粒 | 返祖现象 |

# 第六部分 病虫害及其他生物为害

## 一、病虫害管理

甜、糯玉米一般抗性差，易感大斑病、小斑病和丝黑穗病等。由于糖分含量高，在乳熟期易受玉米螟、金龟子、老鼠和鸟类的侵害，影响产量和品质。目前，鲜食玉米生产中农药污染主要来自防治穗蛀虫（玉米螟、斜纹夜蛾、棉铃虫等）使用的农药。由于鲜食甜、糯玉米无公害或绿色食品的商品要求，植保原则是"预防为主，综合防治"，以种植抗性品种、农业防治、物理防治、生物防治为主，化学防治为辅；加强田间管理和预测预报工作，合理施肥，培育健壮植株；并注重生物农药和性诱杀剂应用，提高安全性；充分发挥综合防治病虫害的有效措施，尽量少用化学农药，严禁使用国家明令禁止使用的高毒、高残留农药。

### 1. 农业防治

①选用适应性强、抗病、虫的品种，合理密植，增施有机肥，合理施用氮、磷、钾肥，培育健壮植株。

②合理轮作，清洁田园，集中处理病株残叶，减少病虫源。一般不宜年内连作或3年以上连作。

③鲜食玉米的虫害是广谱性的，为减轻虫害虫源，应避免与叶菜类作物连作。

④遇涝及时排水。

⑤适时采收，带苞贮运。采后以清洁的袋装或筐装均可，包装前按等级分拣，去除病虫为害的果穗或外部苞叶，然后整穗包装贮运，以免造成二次污染。

### 2. 生物防治
保护田间生态环境，充分发挥天敌控制作用。利用赤眼蜂、白僵菌防治玉米螟；苏云金杆菌（8010、Bt、HD-1）防治玉米螟幼虫及菜青虫；武夷菌素（BH-10）水剂防治小斑病及纹枯病。如在大喇叭口期每亩用Bt可湿性粉剂50克(16 000国际单位／毫克)对水2 000倍液浇灌心叶；或白僵菌粉400克（约70亿个／克活孢子），按1∶10的比例混细沙土施入心叶，可有效防治螟虫等害虫（图6-1）。

**图6-1 生物农药施于玉米心叶和雌穗花丝**

3. **物理防治** 在玉米心叶期，每亩放置性诱剂诱虫灯5个，灯内放置玉米螟、斜纹夜蛾、甜菜夜蛾、棉铃虫等性诱剂，可有效降低受害率。利用趋色性在田间悬挂黄色板或粘虫胶纸，可诱杀蚜虫。地老虎大发生年份，利用黑光灯和糖醋液诱杀成虫，以减少虫口密度。

4. **化学防治** 根据病虫测报及田间调查情况，及时准确掌握各病虫害的防治适期，选择适宜的药剂和适当的次数进行防治，既达到防治目的又保障食品安全。严格控制农药残留不超标和农药安全使用间隔期（表6-1，表6-2）。严禁使用国家明令禁止使用的高毒高残留农药（见附录3）。使用的农药必须具有"三证"（农药登记证、批准证书号、产品标准号）。

玉米地下害虫（蛴螬、小地老虎等）的防治可选用毒死蜱等高效低毒农药，在播种前整地时匀施；移栽成活后可使用菊酯类农药按照包装说明用量防治。避免在温度较高、光照较强及有风时喷洒农药。施药时围绕植株根部喷洒即可，注意避免药剂进入心叶，造成不可逆转的药害。穗部害虫（玉米螟、斜纹夜蛾、松毛虫等）的防治则选用杀螟丹、辛硫磷和氟虫腈等高效低毒、残效期短的农药，在最佳防治时期心叶末期喷施，收获前25天（吐丝期）停止用药。主要真菌性病害可以用安全高效杀菌剂百菌清等，注意灌浆后停止用药。

表6-1　主要病虫害防治用药的倍数和安全间隔期

| 农药名称 | 剂　型 | 施药量：克／（亩·次）或毫升／（亩·次）或稀释倍数（制剂） | 最后一次施药距收获的天数（天）（安全间隔期） |
|---|---|---|---|
| 阿米西达 | 25%悬浮剂 | 1 500倍液 | 7 ~ 10 |
| 康宽 | 20%悬浮剂 | 3 000倍液 | 3 |
| 福戈 | 40%水分散剂 | 3 500 ~ 5 500倍液 | 15 |
| Bt | 16 000国际单位／克可湿性粉剂 | 50 ~ 200克 | 免除限制 |
| 白僵菌 | 可湿性粉剂 | 400 ~ 500克 | 4 |
| 莫比朗 | 20%可湿性粉剂 | 5 000 ~ 7 500倍液 | 7 |
| 乐斯本 | 48%乳油 | 1 000 ~ 1 500倍液 | 7 |
| 巴丹 | 98%可湿性粉剂 | 1 000 ~ 2 000倍液 | 21 |
| 阿克泰 | 25%水分散粒剂 | 1 500 ~ 2 000倍液 | 7 |
| 吡虫啉 | 10%可湿性粉剂 | 1 000 ~ 1 500倍液 | 7 |
| 世高 | 10%水分散粒剂 | 1 000 ~ 1 500倍液 | 14 |
| 敌力脱 | 25%乳油 | 1 000 ~ 2 000倍液 | 10 |
| 铜大师 | 86.2%可湿性粉剂 | 800 ~ 1 000倍液 | 20 |
| 井冈霉素 | 3%水剂 | 200 ~ 500倍液 | 10 |
| 植保灵 | 25.9%水剂 | 800 ~ 1 000倍液 | 20 |
| 杀虫双 | 18%水剂 | 800 ~ 1 000倍液 | 15 |
| 辛硫磷 | 50%乳油 | 1 300 ~ 1 400倍液 | 15 |
| 甲基托布津 | 70%可湿性粉剂 | 800 ~ 1 000倍液 | 30 |
| 扑海因 | 50%悬浮剂 | 1 000 ~ 2 000倍液 | 7 |
| 菜喜 | 2.5%悬浮剂 | 1 000倍液 | 2 |
| 溴氰菊酯 | 2.5%乳油 | 30毫升 | 20 |
| 阿维菌素 | 1.8%乳油 | 60 ~ 75毫升 | 15 |
| 代森锰锌 | 80%可湿性粉剂 | 800倍液 | 10 |
| 多菌灵 | 50%可湿性粉剂 | 500 ~ 1 000倍液 | 21 |
| 除尽 | 10%悬浮剂 | 33 ~ 50克 | 15 |
| 敌百虫 | 30%乳油 | 1 500倍液 | 7 |
| 米满 | 24%悬浮剂 | 2 000 ~ 4 000倍液 | 2 |
| 甲基毒死蜱 | 40%乳油 | 100毫升 | 10 |

表6-2 推荐替代的低毒农药品种

| 禁止使用的农药名称 | 替代使用的农药 | 防治对象 |
|---|---|---|
| 克百威（呋喃丹、大扶农） | 辛硫磷、杀虫双、毒死蜱、氯氰菊酯 | 地下害虫、蚜虫、蛾类 |
| 甲胺磷（多灭磷） | 康宽、乙酰甲胺磷、杀虫单、阿维菌素、苏云金杆菌 | 螟虫 |
| 久效磷（纽瓦克、铃杀） | 福戈、啶虫脒、杀虫单、辛硫磷、苏云金杆菌 | 螟虫、蚜虫 |
| 甲基对硫磷（1605） | 甲胺基阿维菌素苯甲酸盐、氟氯氰菊酯、阿维菌素、甲氰菊酯、苏云金杆菌 | 红蜘蛛、蚜虫 |
| 对硫磷（1605） | 甲胺基阿维菌素苯甲酸盐、杀虫单、毒死蜱、功夫 | 蛾类 |
| 氧化乐果（氧化果） | 吡虫啉、啶虫脒 | 蓟马、蚜虫 |
| 水胺硫磷（羧胺磷） | 甲胺基阿维菌素苯甲酸盐、阿维菌素、毒死蜱 | 蓟马、蛾类 |
| 杀扑磷（速扑磷） | 高效氯氰菊酯、多虫清 | 介壳虫 |
| 特丁硫磷（特丁磷），灭线磷（益舒宝、丙线磷） | 毒死蜱、氯氰菊酯、杀虫双、辛硫磷 | 地下害虫 |
| 硫丹（硕丹、赛丹、安杀丹），甲基异柳磷 | 甲胺基阿维菌素苯甲酸盐、甲氰菊酯、高效氯氰菊酯、苏云金杆菌 | 蛾类、虫类 |
| 地虫硫磷，甲拌磷（3911） | 毒死蜱、氯氰菊酯、杀虫双、辛硫磷 | 地下害虫 |

# 二、病害识别与防治

## （一）苗期病害（表6-3）

表6-3 玉米主要苗期病害及其防治

| 病害名称 | 症状描述 | 防治技术 |
|---|---|---|
| 种子腐烂 |  玉米种子在萌发过程中，遭受土壤或种子携带的真菌侵染，引起腐烂。种子霉变不发芽，或发芽后腐烂不出苗，或根芽病变导致幼苗顶端扭曲，叶片伸展开不。湿度大时，在病部可见各色霉层 | ①本病易防难治，种子包衣为最佳防治措施，发生后无有效挽救措施，严重田块毁种重播。②可选择满适金(适乐时和精甲霜灵)、顶苗新(种菌唑·甲霜灵)、卫福等拌种剂按使用说明书做种子处理。地下害虫严重的地块，选择含氯氰菊酯、丁硫克百威、辛硫磷等杀虫成分的种衣剂做种子处理 |

（续）

| 病害名称 | 症状描述 | 防治技术 |
|---|---|---|
| 根腐病（苗枯病） |  根系出现变褐、腐烂、胚轴缢缩、干枯，根毛减少，无或少有次生根等症状，植株矮小，叶片发黄，从下部叶片的叶尖部位开始干枯，严重时幼苗死亡<br>（引自王晓鸣等，2009） | ①本病以预防为主，播种前采用咯菌腈悬浮种衣剂或满适金、顶苗新（种菌唑·甲霜灵）、种衣剂包衣效果较好<br>②发病后加强栽培管理，喷施叶面肥；湿度大的地块中耕散湿，促进根系生长发育<br>③严重地块可选用72％代森锰锌·霜脲氰可湿性粉剂600倍液，或58％代森锰锌·甲霜灵可湿性粉剂500倍液喷施玉米苗基部或灌施根部 |
| 玉米矮花叶病 |  幼苗先在心叶产生褪绿或斑驳的花叶症状。随植株长大，褪绿病斑逐渐向全株扩展，表现为典型的花叶状 | ①种植抗病品种<br>②控制蚜虫，减少毒源传播<br>③及时拔除病苗 |
| 玉米粗缩病 | （郭新平　提供） 病苗浓绿，节间缩短，叶片僵直，宽短而厚，簇生如君子兰状。心叶细小叶脉呈断续透明状——明脉，叶片背部叶脉上产生蜡白色隆起——脉突。病株多数不能结实<br>江苏等地晚播春玉米和早播夏玉米易受害 | ①预防为主，发病后无有效挽救措施<br>②调整播期，使玉米苗感病期避开灰飞虱迁飞期<br>③采用锐胜、高巧种衣剂包衣有一定效果<br>④在灰飞虱迁飞高峰期叶面喷施3％啶虫脒乳油，或10％吡虫啉可湿性粉剂，或25％吡蚜酮2 000倍液，或25％噻虫嗪6 000倍液杀虫防病 |

## （二）叶部病害（表6-4）

### 表6-4　玉米主要叶部病害及其防治

| 病害名称 | 症状描述与为害 | 防治措施 |
|---|---|---|
| 大斑病 | 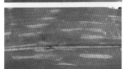　一般于下部叶片开始发生，叶片上产生椭圆形、黄色或青灰色点状斑，很快形成长梭形、中央灰褐色的病斑点，病斑大小为50～100毫米×5～10毫米，有些病斑可长达200毫米<br>　发病高峰期，严重时病斑连片，造成整株枯死。病斑大小、形状与玉米抗病基因型有关 | ①选用抗病良种，实行水旱轮作，适时播种，合理密植，施足基肥，加强管理，降低田间湿度，在发病初期及时摘除病叶并带出田外集中烧毁<br>②在发病早期可采用10%苯醚甲环唑1 000倍液，或25%丙环唑乳油2 000倍液，或80%代森锰锌可湿性粉剂500倍液，或50%多菌灵可湿性粉剂500倍液，或阿米西达（25%醚菌酯）1 500倍液喷雾<br>③病株秸秆要焚烧，不喂猪、牛等牲畜，以免通过农家肥传播 |
| 小斑病 | 　病斑主要发生在叶片上，有3种：一是长形斑，受叶脉限制；二是梭形斑，病斑不受叶脉限制，多为椭圆形；三是点状斑 | |

（续）

| 病害名称 | 症状描述与为害 | 防治措施 |
|---|---|---|

灰斑病

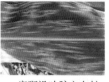

病斑沿叶脉方向扩展并受到叶脉限制，矩形，大小为3～15毫米×1～2毫米。田间湿度高时，在病斑两面产生灰色霉层。发病严重时病斑连片导致叶片枯死

氮肥多有利于灰斑病的发生。扒底叶控制灰斑病向上发展

弯孢菌叶斑病

病斑一般从上部叶片向中下部蔓延。大小为2～5毫米×1～2毫米，最大的可达7毫米。病斑中心灰白色，边缘黄褐或红褐色，外围有淡黄色晕圈，并具黄褐相间的断续环纹，似"眼"状

圆斑病

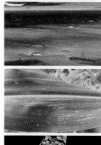

除侵染叶片外，可侵染果穗，引起果穗腐烂。不同小种产生症状有很大区别，1号小种引起的病斑类型为圆形至卵圆形病斑，大小为3～13毫米×3～5毫米；由3号小种引起的病斑为长条连线斑，大小为5～20毫米×1～5毫米

（续）

| 病害名称 | 症状描述与为害 | 防治措施 |
|---|---|---|
| 顶腐病 |  心叶从叶基部腐烂，包裹内部心叶，使其不能展开而呈鞭状，严重时心叶腐烂枯死，能用手拔出，植株不能正常抽雄。发病早而严重的植株，生长低矮、扭曲。苗期至成株期均可发病 | 在发病初期可用50%多菌灵可湿性粉剂，或80%代森锰锌可湿性粉剂，或5%菌毒清水剂，或72%农用链霉素可溶性粉剂等杀菌药剂对心喷雾。扭曲心叶需用刀纵向剖开 |
| | 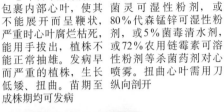 （玉米产业技术体系衡水试验站 提供） | |
| 普通锈病 |  发病初期，在叶片上散生浅褐色小斑点，病斑逐渐隆起，常产生长条状、圆形病斑。后期叶片表皮破裂后，散出黄褐色的粉末 | 早期可用15%粉锈宁可湿性粉剂1 000倍液，或10%苯醚甲环唑1 000倍液，或25%丙环唑乳油2 000倍液，或12.5%烯唑醇可湿性粉剂1 000倍液喷雾 |
| 南方锈病 | 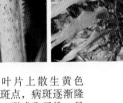 叶片上散生黄色小斑点，病斑逐渐隆起，形成孢子堆，呈圆形或椭圆形，分散，表皮破裂后，散出大量橘黄色至红褐色的孢子 | |

### (三)茎部病害(表6-5)

表6-5 玉米主要茎部病害及其防治

| 病害名称 | 症状描述 | 防治技术 |
|---|---|---|
| 纹枯病 | 初期为近圆形或不规则水渍状病斑,后逐渐扩展,变为白色、淡黄色到红褐色云纹斑块,病斑从基部沿叶鞘向上蔓延,上升到穗部苞叶可引起果穗腐烂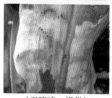(王晓鸣 提供) | ①田间排渍降湿;消除田间杂草,不可重施、偏施氮肥,应与磷、钾肥合理搭配施用,培育健壮植株<br>②早期可剥除下部叶片以控制病菌的蔓延<br>③用5%井冈霉素,或40%菌核净,或50%乙烯菌核利可湿性粉剂1 000～1 500倍液对茎基部叶鞘喷雾防治2～3次 |
| 茎腐病(青枯) | 一般在乳熟后期开始表现症状,茎基部发黄变褐,内部空松,手可捏动,根系水渍状或红褐色腐烂,果穗下垂。分为青枯和黄枯型:青枯型为整株叶片突然失水干枯,呈青灰色;黄枯型为病株叶片从下部开始逐渐变黄枯死 | 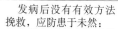发病后没有有效方法挽救,应防患于未然:<br>①播种时用生物型种衣剂ZSB或满适金、顶苗新(种菌唑·甲霜灵)、卫福等包衣,可降低部分发病率<br>②播种时,每亩施1.5～2.0千克硫酸锌作种肥,可有效预防<br>③施穗肥时增施钾肥可降低发病率,并增强植株抗倒性 |

（续）

| 病害名称 | 症状描述 | 防治技术 |
|---|---|---|
| 细菌性茎腐病 | 中下部叶鞘及茎节上出现水渍状腐烂，病组织软化，溢出菌液，有时散发出臭味，植株从病部倒折 | 已发病株无有效挽救措施<br>①培育健壮植株，排除田间渍水，减少田间湿度<br>②发病初期可喷洒5%菌毒清水剂600倍液，或农用硫酸链霉素4 000倍液，有一定效果<br>③及时拔除病株，携出田外集中深埋 |

## （四）穗部病害（表6-6）

表6-6　玉米主要穗部病害及其防治

| 病害名称 | 症状描述 | 防治技术 |
|---|---|---|
| 丝黑穗病 | 黑穗型：受害果穗较短，基部粗顶端尖，不吐花丝，除苞叶外整个果穗变成黑粉包，其内混有丝状寄主维管束组织<br>畸形变态型：雄穗花器变形，不形成雄蕊，颖片呈多叶状；雌穗颖片也可过度生长成管状长刺，呈"刺猬头"状，长刺的基部略粗，顶端稍细，中央空松，长短不一，由穗基部向上丛生，整个果穗畸形。成株期只在果穗和雄穗上表现典型症状 | ①用2%戊唑醇拌种剂按种子重量的0.2%拌种，或15%三唑酮，或12.5%烯唑醇按说明书比例拌种处理<br>②精细整地，适当浅播，足墒下种，促进快出苗、出壮苗，提高植株的抗病能力<br>③采用地膜覆盖提高地温，保持土壤水分，使玉米出苗和生育进程加快，从而减少发病机会<br>④及时清除病穗，减少菌源 |

（续）

| 病害名称 | 症状描述 | 防治技术 |
|---|---|---|
| 穗（粒）腐病 |  部分子粒、果穗顶端以至整穗腐烂。患病子粒表面有灰白色、粉红色、红色、绿色、紫色霉层；常伴有青灰色、黑色、黄绿色或黄褐色霉层发生。严重时，果穗松软，穗轴或整穗腐烂 | 无有效挽救措施 ①种植抗病品种 ②防治穗期害虫 ③果穗成熟后尽早收获。收获后及时剥苞叶，去除霉烂果穗、子粒，晾晒干燥、脱粒 ④发霉子粒中含有毒素，不可作饲料 |

## （五）全株病害（表6-7）

### 表6-7 玉米全株病害及其防治

| 病害名称 | 症状描述与为害 | 防治措施 |
|---|---|---|
| 瘤黑粉病 |  在玉米植株的任何地上部位都可产生形状各异、大小不一的瘤状物，病瘤呈球形、棒形，大小及形状差异较大。主要着生在茎秆和雌穗上。叶、叶鞘、雄花等幼嫩组织均可被害 | 应及早将病瘤摘除，并带出田间销毁。来年种植抗病品种 |
| 疯顶病 |  雌雄穗畸形；雄穗全部或者部分花序发育成变态叶，簇生，使整个雄穗呈刺头状，故称疯顶病。雌穗分化为多个小穗，呈丛生状，小穗内部全部为苞叶，无花丝，无子粒 | 无有效挽救措施，重病田与棉花或豆类轮作 ①常发地块用35%瑞毒霉按种子重量的0.3%，或25%甲霜灵可湿性粉剂按种子重量的0.4%拌种有一定效果 ②苗期防止田间积水 |
| 丝黑穗病 | 见玉米穗部病害 | |

# 三、虫害识别与防治

## （一）苗期地下害虫（表6-8）

### 表6-8　玉米苗期主要地下害虫及其防治

| 害虫名称 | 形态特征 | 为害状 | 防治措施 |
|---|---|---|---|
| 小地老虎 | 幼虫头黄褐色，体灰褐色，体表粗糙，布满圆形深褐色小颗粒<br>成虫黄褐色至灰褐色，前翅长三角形，后翅灰白色，脉纹及边缘色深，腹部灰黄色 | 啃食叶片或幼茎，造成小孔洞和缺刻；将幼苗心叶或近地面茎部咬断，整株死亡 | ①利用杀虫灯诱杀成虫<br>②将麦麸等饵料炒香，每亩用4～5千克，加入90％敌百虫的30倍水溶液150毫升，拌匀成毒饵，于傍晚撒于地面诱杀<br>③亩用90～120克48％毒死蜱乳油对水50～60千克，或50％辛硫磷乳油800倍液，或2.5％溴氰菊酯3000倍液，或20％氰戊菊酯3000倍液，于幼虫1～3龄期喷施在苗行地面<br>④清早时分，在受害株旁人工挖出幼虫杀死 |
| 黄地老虎 | 幼虫头部黄褐色，体淡黄褐色，体表颗粒不明显，体多皱纹<br>成虫灰褐至黄褐色。前翅黄褐色，全面散布小褐点，后翅灰白色，半透明 | 多从地面上咬断幼苗，或钻蛀根颈处成小孔，幼苗枯萎。主茎硬化后可爬到上部为害生长点 | 杀虫灯 |

（续）

| 害虫名称 | 形态特征 | 为害状 | 防治措施 |
| --- | --- | --- | --- |
| 蝼蛄 | 东方蝼蛄成虫体长31～35毫米。体色灰褐至暗褐，前足发达，腿节片状，胫节三角形，端部有数个大型齿，便于掘土 | 直接取食萌动的种子，或咬断幼苗的根颈，咬断处呈乱麻状，造成植株萎蔫 | |
| 蛴螬 | 体肥大，体型弯曲呈C形，白色或黄白色。头黄褐色，腹部肿胀 | 啃食萌发的种子，咬断幼苗的根、茎，断口整齐平截，可造成地上部萎蔫 | ①黑光灯、频振式太阳能杀虫灯诱杀成虫②育苗移栽苗受害轻③每亩地用25%辛硫磷胶囊剂150～200克拌谷子等饵料5千克，或50%辛硫磷乳油50～100克拌饵料3～4千克，撒于种沟中 |

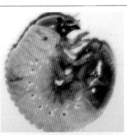

（续）

| 害虫名称 | 形态特征 | 为害状 | 防治措施 |
|---|---|---|---|
| 金针虫 | <br>幼虫长圆筒形，体表坚硬，蜡黄色或褐色，末端有两对附肢<br>成虫体形细长或扁平，具有梳状或锯齿状触角。胸部下侧有1爪，受压时可伸入胸腔 | 成虫在地上取食嫩叶，幼虫为害幼芽和种子或咬断刚出土幼苗，有的钻蛀茎或种子，蛀成孔洞，致受害株干枯死亡 | 苗期可用40%的毒死蜱1 500倍液，或40%的辛硫磷500倍液与适量炒熟的麦麸或豆饼混合制成毒饵，于傍晚顺垄撒入玉米基部。也可在种子和肥料中拌杀虫药剂防治 |
| 玉米旋心虫 | 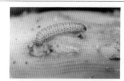<br>（晋齐鸣　提供）<br>成虫体长5～6毫米，全体密被黄褐色细毛。胸节和鞘翅上布满小刻点。鞘翅翠绿色，具光泽。雌虫腹末呈半卵圆形，略超过鞘翅末端，雄虫则不超过鞘翅末端。幼虫体长8～11毫米，头褐色，腹部姜黄色，中胸至腹部末端每节均有红褐色毛片，中、后胸两侧各有4个，腹部1～8节，两侧各有5个。蛹为裸蛹，黄色，长6毫米 | <br>以幼虫蛀入玉米苗基部为害，蛀孔褐色，土壤中有害病原菌易从蛀孔侵染植株，造成花叶或形成枯心苗，重者植株畸形，分蘖较多，形成"君子兰苗"。玉米旋心虫为害后在根颈处留有褐色蛀孔或裂痕，可区别于玉米病毒病和缺锌症为害 | ①实行轮作倒茬，结合整地，捡出玉米根茬，携出田外，集中处理，降低虫源基数<br>②定苗时，拔除被蛀苗株<br>③用含丙硫克百威或丁硫克百威成分的种衣剂包衣。在为害初期用40%辛硫磷乳油，或40%毒死蜱乳油1 000倍液灌根；还可以用10%高效氯氰菊酯乳油3 000倍液喷雾 |

（续）

| 害虫名称 | 形态特征 | 为害状 | 防治措施 |
|---|---|---|---|
| 二点委夜蛾 |   （玉米产业技术体系石家庄试验站 提供）幼虫黄灰色到黑褐色，头部褐色，额深褐色；腹部背面有两条褐色背侧线，到胸节消失，各体节前缘具有1个倒三角形的深褐色斑纹；气门黑色，有假死性成虫灰褐色，前翅黑灰色，上有白点、黑点各1个，后翅银灰色，有光泽 | 幼虫主要从幼苗茎基部钻蛀，形成圆形或椭圆形孔洞，钻蛀深时，心叶失水萎蔫，形成枯心苗，严重时整株死亡 | ①在上茬作物收获后，玉米播前使用灭茬机或浅旋耕灭茬后再播种玉米，可有效减轻二点委夜蛾为害，也可提高玉米播种质量②最佳防治时期为出苗前。播种后结合播后浇水，随水浇灌毒死蜱乳油1千克/亩；或者播种后在播种沟上喷洒有机磷农药或覆盖毒土③在成虫高发期以频振灯诱杀成虫为主 |

## （二）苗期害虫（表6-9）

表6-9 玉米主要苗期害虫及其防治

| 害虫名称 | 形态特征 | 为害状 | 防治措施 |
|---|---|---|---|
| 蓟马 |   体微小型至小型，长0.5～14毫米，一般为1～2毫米。通常具两对狭长的翅，翅缘有长的缨毛 | 叶片呈现特殊的银灰色斑，为害心叶造成心叶扭曲不能展开，严重时可造成大批死苗 | 1龄若虫时期防治效果最佳，可用40%乙酰甲胺磷乳油1000倍液，或10%吡虫啉可湿性粉剂2000倍液，或48%毒死蜱乳油1500～2000倍液，或25%噻虫嗪6000倍液喷施在玉米幼苗基部或灌根 |

（续）

| 害虫名称 | 形态特征 | 为害状 | 防治措施 |
|---|---|---|---|
| 灰飞虱 | 浅黄褐色至灰褐色。头顶稍突出，额区具黑色纵沟2条，触角浅黄色。前翅淡灰色，半透明，有翅斑 | 由于玉米非灰飞虱喜食作物，直接为害损失较小。但因其传播水稻黑条矮缩病毒，引起玉米粗缩病，产量损失较大 | ① 调整播期，避免麦套玉米，错开灰飞虱迁飞期<br>② 用10%吡虫啉可湿性粉剂1 000 ～ 1 500倍液，或25%吡蚜酮可湿性粉剂2 000 ～ 2 500倍液，或25%噻虫嗪6 000倍液等药剂喷雾杀虫 |

## （三）食叶害虫的识别与防治（表6-10）

### 表6-10 玉米主要食叶害虫及其防治

| 害虫名称 | 形态特征 | 为害状 | 防治措施 |
|---|---|---|---|
| 斜纹夜蛾 | （李敦松 提供）幼虫黄绿至墨绿或黑色，腹节有近似半月形或三角形黑斑1对 | 初孵幼虫群集取食叶片成筛网状。2龄后散开，常将叶片吃光，仅留主脉 | ① 可用10%虫螨腈33 ～ 50毫升/亩，或5%抑太保乳油1 000倍液喷雾<br>② 成虫发生期，用糖+醋+敌百虫+水按6＋3＋1＋10的比例配制饵液诱杀，或用黑光灯、频振式杀虫灯诱杀成虫 |

（续）

| 害虫名称 | 形态特征 | 为害状 | 防治措施 |
|---|---|---|---|
| 甜菜夜蛾 |   体色变化很大，从绿色至黄褐色至黑褐色，背线有或无 |  被害叶片呈孔洞或缺刻状，严重时叶片仅剩下叶脉 | |
| 黏虫 |  幼虫头部沿蜕裂线有棕黑色八字纹，体背具各色纵条纹5条<br>成虫淡黄褐色或灰褐色，前翅中央前缘各有2淡黄色圆斑，外侧圆斑后方有1小白点，白点两侧各有1小黑点，顶角具1条伸向后缘的黑色斜纹 |  1～2龄幼虫取食叶片形成孔洞，3龄以上幼虫为害叶片后呈现不规则的缺刻，或吃光心叶，形成无心苗；严重时能将幼苗地上部全部吃光，或将整株叶片吃掉只剩叶脉 | ①用糖醋液、黑光灯、频振式太阳能杀虫灯或谷草把诱杀成虫<br>②在幼虫3龄前可用5%氟虫脲乳油4 000倍液，或灭幼脲1号，或灭幼脲2号，或灭幼脲3号500～1 000倍液喷雾防治<br>③可选用5% S-氰戊菊酯3 000倍液，或20%杀灭菊酯2 000倍液，或50%辛硫磷1 000倍液，或25%氰戊·辛硫磷乳油1 500倍液，或10%阿维高氯1 000倍液喷雾防治 |
| 红蜘蛛 | 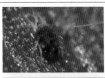  有多种，体椭圆形，深红色或锈红色 |  群聚叶背吸取汁液，使叶片呈枯黄色或灰白色细斑，严重时干枯 | ①用20%哒螨灵可湿性粉剂2 000倍液，或5%噻螨酮乳油2 000倍液，或1.8%阿维菌素乳油4 000倍液喷雾<br>②高温干旱时，及时浇水，控制虫情发展 |

（续）

| 害虫名称 | 形态特征 | 为害状 | 防治措施 |
|---|---|---|---|
| 玉米蚜 | 无翅孤雌蚜深绿色；有翅孤雌蚜头、胸黑色发亮，腹部黄红色至深绿色 | 果穗以上所有叶片、叶鞘及果穗苞叶内、外遍布蚜虫，还分泌大量蜜露，使叶面形成一层黑霉，称"黑株"。后期偏施氮肥玉米田发生重。发生在雄、雌穗上常影响授粉，产生空秆 | 用25%噻虫嗪水分散粒剂6 000倍液，或10%吡虫啉可湿性粉剂1 000倍液，或50%抗蚜威可湿性粉剂2 000倍液等喷雾 |
| 灯蛾 | 有多种，常见：<br>①黄腹灯蛾。土黄色至深褐色，背线橙黄色或灰褐色，密生棕黄色至黑褐色长毛，气门白色，头黑色，腹足土黄色<br>②红缘灯蛾。体色深褐或黑色，密披红褐色或黑色长毛，气门红色，头黄褐色，腹足红色 | 幼虫取食叶片为主，也取食花丝和子粒 | 在幼虫3龄前，用5%S-氰戊菊酯乳油，或25%高效氯氟氰菊酯乳油，或2.5%氯氰菊酯乳油2 000～3 000倍液，或48%毒死蜱乳油1 000倍液喷雾。选择早晨或傍晚害虫活动猖獗时用药 |

（续）

| 害虫名称 | 形态特征 | 为害状 | 防治措施 |
|---|---|---|---|
| 弯刺<br>黑蝽 | <br><br>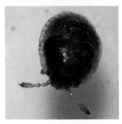<br>成虫体长8～10毫米。头部黑色，前端呈小缺刻状。前胸背板、小盾片及前翅的爪片、革片暗黄色，后足胫节中部黄褐色，身体其余部分黑色。前胸背板中央有1条淡黄褐色的细纵线。前胸背板前角尖长弯曲斜向前伸，其侧角伸出体外，端部略向下弯。雌虫腹末钝圆，雄虫则有1对向后伸出的突起 | <br><br>主要以若虫、成虫在玉米茎基部和根部刺吸汁液。2～5叶期玉米苗被害后，心叶萎蔫，成为畸形苗或枯心苗。拔节前被害，叶片出现排孔，新叶卷曲、色浓、皱缩、纵裂，植株矮化扭曲、分蘖丛生。拔节后玉米被害较轻 | 使用60%吡虫啉悬浮型种衣剂，或丁硫克百威35%干粉剂拌种，或在播种时用3%辛硫磷颗粒剂按说明施入玉米穴中。当田间出现为害株时，用40%毒死蜱乳油，或10%氯氰菊酯乳油灌根。使用剂量按标签说明 |

（续）

| 害虫名称 | 形态特征 | 为害状 | 防治措施 |
|---|---|---|---|
| 刺蛾 |  有多种，常见为黄刺蛾。幼虫头黄褐色，体黄绿色，体背有1个哑铃形褐色大斑，各节背侧有1对枝刺 |  低龄幼虫群集啃食玉米叶片下表皮及叶肉，仅存上表皮，形成透明斑。3龄后分散，取食全叶，仅留叶脉 | |
| 铁甲虫 |  老熟幼虫体长约7毫米，头黄褐色，体扁平。腹部2～9节两侧各生1个浅黄色瘤状突起　成虫体长5毫米，胸部暗褐色，鞘翅黑色，前胸近后缘处有一长方形光滑隆起区，前缘两侧各有2条针，侧缘各有3条针，针基黄褐色，尖端蓝黑色，鞘翅上密生黑色的棘刺，均作有序排列 |  成虫在叶面上顺着叶脉咬食叶肉，形成长短不一的白色线条；幼虫潜入叶表皮内取食叶肉，使叶片仅剩下2层白色透明的表皮，被害叶片呈许多白色斑块，俗称玉米"穿花衣"，每张叶片有幼虫十几至几十头，严重时全株叶片都呈白色，影响植株生长，局部田块甚至颗粒无收 | ①在发现幼虫为害后，及时割去有蛹和幼虫的残叶并烧毁，减少残虫量，控制次年虫源　②在低龄幼虫期及时进行药剂防治，药剂可选25%杀虫双水剂，或2.5%氯氰菊酯乳油，或30%敌百虫乳油等按标签说明单用或混用喷雾 |

（续）

| 害虫名称 | 形态特征 | 为害状 | 防治措施 |
|---|---|---|---|
| 蟋蟀 |  黄褐色至黑褐色。后足发达，善跳跃，跗节3节，尾须较长。前翅硬、革质；后翅膜质，用于飞行 |  食性较杂。可为害玉米的根、茎、叶，有时也为害子粒，取食叶片呈缺刻或孔洞状，常吃光幼苗的子叶或齐地咬断嫩茎，造成缺苗断垄 | ①毒饵或堆草诱杀，毒饵制作见地下害虫 ②每亩用50%辛硫磷乳油75克加适量的水，拌30～50千克细土，从地块周围向中心撒施毒土 ③用50%辛硫磷乳油2000倍液，或48%毒死蜱乳油1000倍液喷雾 |
| 玉米黑毛虫 |   （李晓　提供） 白毒蛾、红缘灯蛾和八点灰灯蛾的幼虫因长有黑色体毛统称为黑毛虫，是广西山区玉米的主要害虫 | 在每年2～3月早玉米苗期，黑毛虫转入玉米地为害，初孵幼虫咬食叶下表皮和叶肉，留下上表皮和叶脉，叶面形成枯斑。3龄后幼虫蚕食叶片咬成缺刻，甚至吃光幼苗。幼虫食玉米花丝，严重影响授粉 | ①冬季清除田间杂草，消灭在其中潜藏越冬的幼虫 ②在幼虫孵化盛期药剂防治，可用20%氰戊菊酯2000倍液，或90%晶体敌百虫500倍液喷雾。傍晚用药较好 ③玉米黑毛虫毛有毒，防治时注意自我防护 |

（续）

| 害虫名称 | 形态特征 | 为害状 | 防治措施 |
|---|---|---|---|
| 黄斑长跗萤叶甲 | <br>别名棉四点叶甲、四斑萤叶甲、四斑长跗萤叶甲，每翅上各具浅色斑2个，位于基部和近端部。腹部腹面黄褐色，中后胸腹面黑色，体毛赭黄色 | <br>以成虫为害玉米叶片、花药、花丝和子粒。取食叶肉，仅留表皮，受害玉米叶片呈现大片透明白色网状斑。抽雄、吐丝后取食花药和花丝，影响授粉；还会啃食正处于灌浆阶段的子粒，造成秕粒或烂粒 | 选用10％吡虫啉1 000倍液，或50％辛硫磷乳油1 500倍液喷雾，或2.5％三氟氯氰菊酯乳油2 000倍液，或福戈（40％氯虫·噻虫嗪4 000倍液）喷雾防治，最好在清晨或傍晚害虫不活跃时进行 |
| 双斑萤叶甲 | <br>成虫长卵形，每个鞘翅各有1近于圆形的淡色斑，周缘为黑色，鞘翅端半部黄色 | <br>为害同黄斑长跗萤叶甲 | |

## （四）蛀茎和穗部害虫（表6-11）

表6-11　玉米主要蛀茎和穗部害虫及其防治

| 害虫名称 | 形态特征 | 为害状 | 防治措施 |
|---|---|---|---|
| 亚洲玉米螟 |  | 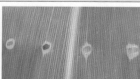 | ①早晨或傍晚用毒死蜱、杀虫双、康宽、福戈等杀虫剂喷雾植株或拌毒土撒施于雌穗花丝上<br>②孵化盛期，每亩用300亿／克白僵菌粉剂50克左右拌毒土2千克，均匀撒在玉米喇叭口中 |

（续）

| 害虫名称 | 形态特征 | 为害状 | 防治措施 |
|---|---|---|---|
| 亚洲玉米螟 |  　左：雌蛾　右：雄蛾　　幼虫背部黄白色至淡红褐色，背线明显，两侧有较模糊的暗褐色亚背线 |  　赤眼蜂防治玉米螟　初孵幼虫群聚取食心叶叶肉，留下白色薄膜状表皮，呈花叶状；幼虫蛀食心叶，叶展开后，出现整齐的排孔；为害果穗和茎秆，蛀孔口常堆有大量粪屑，茎秆易从蛀孔处折断 | ③在玉米螟卵期，释放赤眼蜂2～3次，每亩释放1万～2万头，可减轻为害 ④利用性诱剂或杀虫灯诱杀成虫 |
| 棉铃虫 |   |  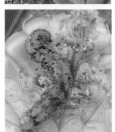 | |

（续）

| 害虫名称 | 形态特征 | 为害状 | 防治措施 |
| --- | --- | --- | --- |
| 棉铃虫 |  幼虫体色变化大，从黄白色到黑褐色大致可分9种类型，以绿色及红褐色为主 | 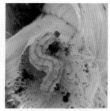 取食心叶可造成虫孔，较玉米螟为害的虫孔粗大，边缘不整齐，常见粒状粪便。为害果穗除造成直接产量损失外，还可加重穗腐病发生 | |
| 桃蛀螟 |  背部体色多变，浅灰到暗红色，腹面多为淡绿色。各节有粗大的褐色瘤点 |  主要蛀食玉米雌穗，也可蛀茎，常引起倒折，蛀孔口堆积颗粒状的粪屑 | 用频振式杀虫灯、黑光灯、糖醋液、性诱剂诱杀成虫，减低田间落卵量。大喇叭口期在心叶内撒施颗粒剂预防，颗粒剂配制和使用方法见穗期玉米螟防治 |
| 高粱条螟 | 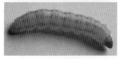 幼虫体背有紫褐色纵线4条，腹部纯白色。有夏、冬两型，夏型腹部各节背面具4个黑褐色斑点；冬型幼虫黑褐斑点消失 |  被害部常有多头幼虫蛀食，蛀孔上部茎叶常呈紫红色，遇风易折，为害穗轴常造成果穗腐烂 | |
| 黄斑长跗萤叶甲 | 见食叶害虫 | | |

（续）

| 害虫名称 | 形态特征 | 为害状 | 防治措施 |
|---|---|---|---|
| 双斑萤叶甲 | 见食叶害虫 | | |

| 害虫名称 | 形态特征 | 为害状 | 防治措施 |
|---|---|---|---|
| 金龟子 | <br><br>小青花金龟<br>（左：雌，右：雄）<br>有多种，常见：<br>①白星花金龟。具古铜或青铜色光泽，体表散布众多不规则白绒斑，多为横向波浪形<br>②小青花金龟。背面暗绿或绿色至古铜微红及黑褐色；体表密布淡黄色毛和刻点 | <br><br>成虫多群聚于玉米雌穗上取食花丝和幼嫩子粒，苞叶上常见白色玉米浆汁，也为害雄穗或嫩茎 | ①用75%辛硫磷乳剂1 000倍液，或48%毒死蜱500～1 000倍液，或10%吡虫啉可湿性粉剂1 500倍液喷雾<br>②用糖醋液、腐烂的西瓜皮等诱杀 |
| 大螟 | <br><br>老熟幼虫体长30毫米，较粗壮，头红褐色或暗褐色，腹部背面带紫红色 | <br><br>以幼虫蛀食玉米的生长点，造成枯心苗 | ①在冬季或早春成虫羽化前，处理寄主茎秆，压低虫口基数。及时铲除田边杂草可有效降低第一代虫量<br>②人工摘除卵块，拔除枯心苗（原始被害株），降低虫口密度，防止转株为害<br>③亩用18%的杀虫双水剂200克或康宽（20%氯虫苯甲酰胺）对水45千克喷施玉米茎秆 |

（续）

| 害虫名称 | 形态特征 | 为害状 | 防治措施 |
|---|---|---|---|
| 绿蝽 | 成虫体长12～16毫米，宽6.0～8.5毫米，长椭圆形，绿色 | 以成虫和若虫刺吸玉米叶片和雌穗为害，可造成雌穗弯曲 | 喷施杀虫剂进行防治，如50%辛硫磷可湿性粉剂1 500倍液，或10%吡虫啉可湿性粉剂2 000倍液 |

## 四、其他生物为害

见表6-12。

表6-12　玉米其他生物危害及其防治

| 害虫名称 | 形态特征 | 为害状 | 防治措施 |
|---|---|---|---|
| 蜗牛 | 同型巴蜗牛：贝壳中等大小，壳质厚，呈扁球形；壳面呈黄褐色至红褐色，壳口马蹄形。灰巴蜗牛：贝壳中等大小，呈球形；壳面黄褐色或琥珀色，常分布暗色不规则形斑点，壳口椭圆形 | （引自王晓鸣等，2010）初孵幼螺只取食叶肉，留下表皮，稍大个体则用齿舌将叶、茎舔食成小孔或缺刻；或沿叶脉取食，叶片呈条状缺失。也取食幼嫩子粒和花丝 | ①多聚乙醛300克、蔗糖50克、5%砷酸钙300克、米糠400克（用火在锅内炒香）拌匀，加水适量制成黄豆大小的颗粒，顺垄撒施诱杀②用6%四聚乙醛颗粒剂1.5～2千克，碾碎后拌细土5～7千克，在傍晚撒在受害株附近根部的行间。也可用50%辛硫磷乳油1 000倍液喷雾③在苗期地表堆放青草诱捕蜗牛 |

（续）

| 害虫名称 | 形态特征 | 为害状 | 防治措施 |
|---|---|---|---|
| 鼠害 | 主要害鼠有黄毛鼠、褐家鼠及板齿鼠等。害鼠多没有冬眠期，终年为害，主要在玉米播种出苗期和采收期为害严重。玉米播种后主要以取食种子或幼苗胚乳、撕咬幼苗嫩茎方式为害，造成缺苗断垄；花粒期以咬食子粒方式为害 |  | ①及时清除杂草，合理安排作物布局，搞好田间环境卫生<br>②产区可统一在春耕前毒鼠，平时可选鼠道投毒饵诱杀。采用0.05%～0.1%的敌鼠钠盐或8%灭鼠灵水剂等鼠药做成毒饵。配制时，敌鼠钠盐和杀鼠迷需用水加热溶解充分后再加入稻谷或玉米搅匀，晾干即可在田间多点投放。投放时每一小堆20克毒饵，15天后再投饵一次<br>③以肉、花生仁或葵花籽等作诱饵，用鼠夹置于鼠洞处或鼠道上捕鼠<br>④也可购买市售毒饵，按说明使用。无论使用何种鼠药，都应注意人、畜安全 |
| 鸟害 | 叼起刚刚萌动出土的幼苗，啄食种子带甜味的营养物质；灌浆期为害雌穗顶部裸露的玉米。鸟害对山林附近一些玉米常造成毁灭性灾害 |  | 地膜覆盖可防鸟类啄食种子。在播种、收获等关键季节也可采用：<br>①声音驱鸟：电子声音趋鸟器、哨声(锣、鼓)、放鞭炮等<br>②视觉驱鸟：田间地头挂彩条或闪光条及老鹰、猫头鹰和蛇等天敌模型<br>③拉网驱鸟<br>④化学防鸟：利用化学驱逐剂氨茴酸甲酯(商品名为Bird Shield)等 |

# 第七部分 自然灾害

## 一、干旱

| 典型症状与为害 | 技术措施 |
|---|---|

南方地区春旱、伏旱、秋旱时有发生，加上耕地土层浅薄、瘦瘠，保水保肥能力差。播种至出苗阶段，表层土壤水分亏缺，种子处于干土层，不能发芽和出苗，播种、出苗期向后推迟，易造成缺苗。

出苗地块由于干旱苗势弱、植株小、发育迟缓，群体生长不整齐。穗期植株生长旺盛、受旱植株叶片卷曲，影响光合作用与干物质生产，并进一步由下而上干枯，植株矮化，吐丝期推后，易造成雌、雄花期不遇。

抽雄前受旱，上部叶节间密集，抽雄困难，影响授粉；幼穗发育不好，果穗小，俗称"卡脖旱"。抽雄吐丝期干旱影响授粉，造成秃尖或空秆。灌浆

阶段干旱使植株黄叶数增加，穗粒数减少，上部子粒瘪粒，穗粒重下降

干旱常发生地区：增施有机肥、培肥地力，提高土壤缓冲和抗旱能力；因地制宜采取蓄水保墒耕作技术，建立"土壤水库"；兴修农田水利，建造积雨微水池；选用耐旱品种；小麦等前茬秸秆覆盖行间保水；采取地膜覆盖和育苗移栽；坐水种、等雨播种或"寄种"播种；调整播期，避免或减轻干旱胁迫

西南地区修建的微水池
（拍摄于四川简阳，2008年4月）

干旱发生后：
①做好各项播种准备工作，遇雨土壤墒情适宜时抢墒播种
②分类管理。出苗达70%以上地块，推迟定苗、留双株、保群体；出苗50%以上的地块，尽快发芽坐水补苗；缺苗在60%以上地块，改种早熟玉米、青贮玉米或其他旱地作物
③采取一切措施，充分挖掘水源，全力增加有效灌溉面积
④加强田间管理，已出苗地块要早中耕、浅中耕，减少蒸发。有灌溉条件的田块，灌后采取浅中耕
⑤喷叶面肥（如磷酸二氢钾800～1 000倍液）或抗旱剂（如旱地龙500～1 000倍液），降温增湿，增强植株抗旱性
⑥辅助授粉
⑦注意防治红蜘蛛、叶蝉、蚜虫等干旱条件下易发生的虫害
⑧成株期干旱绝产地块及时青贮；割黄腾地，发展保护地栽培或种植蔬菜等短季作物

## 二、风灾或强降雨倒伏

| 典型症状与为害 | 技术措施 |
|---|---|

幼苗期土壤紧实、湿度大以及虫害等影响根系发育，造成根系小、根浅，容易发生根倒或幼茎折断。苗期至大喇叭口期遇风或强降雨倒伏，植株一般能够恢复直立。抽雄吐丝后遇风灾发生倒伏，植株难以直立，相互倒压，应及时扶起并培土固牢。花粒期风灾倒伏后，光合作用下降，营养物质运输受阻，植株层叠铺倒，下层植株果穗灌浆进度缓慢，果穗霉变率增加，加上病虫鼠害，产量大幅度下降

南方沿海地区7～9月为台风季节，易受台风危害

小喇叭口期倒伏后恢复直立

大喇叭口期后倒伏难以恢复直立，呈"鹅脖状"

风灾倒伏常发区注意：

①选择抗倒品种；适当降低种植密度；土壤深松、破除板结；顺风方向种植玉米；适当深栽；注意施足底肥、壮秆；增施有机肥和磷、钾肥，忌偏肥，拔节期避免过多追施氮肥；在大喇叭口期结合追肥进行培土，增加气生根层数

②6～8展叶期喷施玉米生长调节剂

③通常风灾倒伏常伴随雨涝，应及时排水，加强管理，如培土、中耕、破除板结，还可增施速效氮肥，促进生长

④茎折玉米一般很难恢复生长，可任其自然生长，不提倡扶直，以免造成二次损伤。茎倒一般无需采取补救措施，可自行恢复直立。抽雄吐丝后根倒玉米及时扶起，并培土固定或用支架竹绑扶正，也可多株捆扎，使植株相互支撑，以免倒压、堆沤，减少产量损失

⑤玉米倒伏后需防控玉米螟、大斑病、小斑病、褐斑病、锈病及茎腐病。可用70%甲基托布津800倍液，或50%多菌灵500倍液喷施，隔7天再喷1次

⑥对于乳熟中期以前茎折严重的地块，可将植株割除作青饲料，并可补种大豆、甘薯或蔬菜等作物；乳熟后期倒伏，可将果穗作为鲜食玉米销售，秸秆作为青贮饲料；蜡熟期倒伏，注意防治病虫鼠害，伺机收获。进入采收期的倒伏玉米应及时收获，减少因穗粒霉烂造成品质下降

风灾倒伏评估：玉米倒伏方式包括茎倒、根倒及茎折。茎倒是茎秆呈不同程度的倾斜或弯曲。常由于下部节间延伸过长、机械组织发育不良，或茎秆细弱、节根少，遇到大风或其他机械作用，茎的中、下部承受不住穗部或植株上部的重量而倒伏；根倒是玉米一侧根系拔起向另一侧倒伏，表现为茎不弯曲而整株倾倒，有时完全倒在地面，是玉米生长发育后期常见的倒伏情况。常由于根系弱小、分布浅或根受伤，当灌水或降雨过多时，土壤软烂，固着根的能力降低，如遇大风即整株倒下，部分植株恢复直立生长后呈"鹅脖状"。茎折是指玉米茎秆折断，主要是抽雄前生长较快、茎秆组织嫩弱及病虫为害、遇风引起，折断的上部组织由于无法获得水分而很快干枯死亡。一般前期氮肥用量大、土壤有机质含量高的地块容易发生茎折，有些品种易发生茎折。对产量影响最大的是茎折，其次是根倒，茎倒对产量的影响最轻。据 *Corn Field Guide*，玉米 10 ~ 12 叶展时发生根倒，一般减产不超过5%；13 ~ 15 叶展时根倒减产5% ~ 15%；17 叶展后发生根倒伏减产超过30%；抽雄开花前倒折植株没有产量（图7-1）。

**图7-1　不同类型的玉米倒伏**
1.根倒　2.茎倒　3.茎折　4.大面积倒伏

## 三、阴雨寡照

| 典型症状与为害 | 技术措施 |
| --- | --- |
|  　　寡照降低光合速率，影响玉米物质生产，延迟抽雄和吐丝；不利于散粉、授粉和灌浆。阴雨寡照使得田间温度低、湿度大，加之玉米生长弱，适宜于小斑病、茎腐病、锈病和穗粒腐等多种病害发生和蔓延<br>　　长江中下游地区6月中旬至7月上旬梅雨季节，持续阴雨寡照对玉米开花授粉和结实影响较重 | 　　①阴雨寡照常发生地区应注意选用耐阴性好的品种、调节播期、合理密植，及时中耕、施肥，消灭杂草，健壮植株；喷施玉米生长调节剂，防倒、防衰<br>　　②人工辅助授粉<br>　　③综合防治病害<br>　　④适时收获，避免后期多雨造成子粒霉烂 |

## 四、冰雹

| 典型症状与为害 | 技术措施 |
| --- | --- |
|   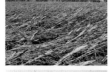 　　苗期和拔节后雹灾直接砸伤幼苗或茎秆，毁坏叶片，冻伤植株；土壤表层被雹砸实，地面板结；茎叶创伤后感染病害。雹灾常伴有大风，造成低洼地幼苗倒伏或被泥浆掩盖而死亡。花粒期砸至正灌浆的果穗，可导致子粒与穗轴破损而霉变<br>　　拔节与孕穗期茎节未被砸断，通过加强管理，仍能恢复。成株期遭雹灾，叶片被打成丝状，但一般不会坏死，仍能保持一定的光合能力，受害略轻 | 　　完善高炮、火箭等人工防雹设施，及时预防、消雹减灾。灾后尽快评估对产量的影响。主要措施：<br>　　①及时查苗。苗期灾后恢复能力强，只要生长点未被破坏，都能恢复生长，慎重毁种。拔节后，若20%～60%植株穗节被砸断，应及时锄掉砸断的玉米棵，补种绿豆、芸豆、大豆、甘薯、马铃薯、荞麦等作物，弥补损失；若70%以上被砸断，可毁种其他作物<br>　　②及时中耕松土，破除板结，提高地温，增加土壤透气性；追施速效氮肥（每亩尿素5～10千克）；新叶片长出后叶面喷施磷酸二氢钾2～3次，促进新叶生长<br>　　③挑开缠绕在一起的破损叶片，使新叶能顺利长出<br>　　④警惕灾后病害发生 |

　　雹灾评估：雹灾为害程度取决于降雹块大小、持续时间和玉米所处的生育时期，可从死苗和叶片损伤两个方面估算，其中不同时期雹灾发生后叶面积损失比例对产量的影响如表7-1。6叶展期之前只要生长点未被折断，雹灾对产量的影响较小。

表7-1　雹灾后产量损失估算

| 时期 | 叶片损失的比例（％） | | | | | | | | | |
| --- | --- | --- | --- | --- | --- | --- | --- | --- | --- | --- |
| | 10 | 20 | 30 | 40 | 50 | 60 | 70 | 80 | 90 | 100 |
| 7叶展 | 0 | 0 | 0 | 1 | 2 | 4 | 5 | 6 | 8 | 9 |
| 10叶展 | 0 | 0 | 2 | 4 | 6 | 8 | 9 | 11 | 14 | 16 |
| 13叶展 | 0 | 1 | 3 | 6 | 10 | 13 | 17 | 22 | 28 | 34 |
| 16叶展 | 1 | 3 | 6 | 11 | 18 | 23 | 31 | 40 | 49 | 61 |
| 18叶展 | 2 | 5 | 9 | 15 | 24 | 33 | 44 | 56 | 69 | 84 |
| 抽雄期 | 3 | 7 | 13 | 21 | 31 | 42 | 55 | 68 | 83 | 100 |
| 吐丝期 | 3 | 7 | 12 | 20 | 29 | 39 | 51 | 65 | 80 | 97 |
| 子粒形成期 | 2 | 5 | 10 | 16 | 22 | 30 | 39 | 50 | 60 | 73 |
| 乳熟初期 | 1 | 5 | 7 | 12 | 18 | 24 | 32 | 41 | 49 | 59 |
| 乳熟后期 | 1 | 3 | 4 | 8 | 12 | 17 | 23 | 29 | 35 | 41 |
| 蜡熟期 | 0 | 2 | 2 | 4 | 7 | 10 | 14 | 17 | 20 | 23 |
| 完熟期 | 0 | 0 | 0 | 0 | 0 | 0 | 0 | 0 | 0 | 0 |

资料来源：美国农业部。

# 五、低温冷害

| 典型症状与为害 | 技术措施 |
| --- | --- |

幼苗期受低温为害后，代谢效率下降、细胞膜通透性降低和蛋白质降解；中胚轴和胚芽鞘变褐及萎蔫，叶片呈水渍状及发育不全、甚至因幼苗生长受阻而不能成活。冷害造成植株生长发育迟缓，形成僵苗，降低幼苗个体素质。冷害症状可一直延续到恢复生长期。吐丝至成熟期，低温影响开花受精，空粒多；造成有效积温不够，使植株干物质积累速率减缓，灌浆速度下降，延迟成熟，造成减产。另外可导致病虫害等次生为害的发生

南方地区，延滞型、障碍型冷害发生频繁。冬种玉米在1～2月遇低温及春玉米在春季4～5月倒春寒发生时常会发生冷害。高海拔地区8月常发生持续低温，并且秋季降温快，产生的冷露水影响玉米生长；一些年早霜来得早，造成玉米低温冷害

①搞好品种区划，选用耐冷型品种

②用浓度0.02％～0.05％的硫酸铜、氯化锌、钼酸铵等溶液浸种，可提高玉米种子在低温下的发芽力，减轻冷害

③按当地气象条件，安排适当播种期，避免冷害威胁。如将冬玉米开花授粉期避开1月份的低温时期

④地膜覆盖和育苗移栽种植

⑤加强肥水管理，提高植株抗性

## 六、冻害

| 典型症状与为害 | 技术措施 |
|---|---|
| 气温低于−1℃时，冻害导致地上部叶片和组织呈水渍状，萎蔫至死亡。由于玉米6叶展之前生长点在地下，当温度回升后，往往生长点还能恢复生长。在条件适宜时，冻害后3～4天植株能长出新叶<br><br>早春玉米、秋季晚收玉米易遭遇霜冻为害。冬玉米在开花授粉期间也常遇冻害 | ①掌握当地低温霜冻发生的规律，选择生育期适宜、抗寒力较强的品种，使玉米播种于"暖头寒尾"或开花期避免遭遇低温时节<br>②采取能提高玉米抗寒能力的栽培技术。低温来临前，灌1次水，增强植株抗寒能力<br>③霜冻发生后，应及时调查受害情况，制订对策，不轻易毁种。仔细观察主茎生长锥是否冻死（深色、水渍状为冻死），若只是上部叶片受到损伤，心叶和生长点基本未受影响，可以通过加强田间管理，及时进行中耕松土、提高地温，追施速效肥，促进新叶生长。对于冻害特别严重、致使玉米大部死亡的田块，要及时收获或改种 |

## 七、涝渍

| 典型症状与为害 | 技术措施 |
|---|---|
| 玉米萌芽和幼苗阶段特别怕涝，属涝害敏感期，在播种至3叶期常发生芽涝。遇涝后抑制根系生长和吸收活动，叶片萎蔫、变黄、生长缓慢和干重降低，甚至幼苗大面积死亡<br><br>拔节孕穗期涝渍引起根系中毒，发黑、腐烂；叶色褪绿，光合能力降低，同化产物向根系的分配减少；植株软弱，基部呈紫红色并出现枯黄叶，生长缓慢或停滞；雄穗分枝少，吐丝推迟，雌雄不遇，授粉困难，穗粒数减少，严重的全株枯死 | 涝害常发地区，应配套并畅通排灌沟渠；选用耐涝品种；调整播种，使最怕涝的敏感期（苗期和灌浆期）尽量避开雨季；平整低洼地；采用垄作等适宜的耕作方式。涝害发生后，应及时评估涝害损失。主要措施：<br>①及时排涝，苗期及时清洗叶片上的淤泥；成株期及时壅根培土、扶正倒伏植株，清除倒折株 |

（续）

| 典型症状与为害 | 技术措施 |
| --- | --- |
| <br><br><br><br>（引自王晓鸣等，2010） | 花粒期涝渍抑制根系生长和吸收，叶色褪绿、光合能力降低，穗粒数、千粒重下降；茎腐病、纹枯病、小斑病等发病加重。成株期遭受涝渍灾害，易造成植株倒伏，结实率下降<br><br>　南方地区雨季若连续数天大雨易造成渍害。地势低洼、土壤黏重、降雨频繁地区及"水改旱"、山谷地、河滩地、排水不好的地块易发生 | ②中耕松土，及时散墒、破除土壤板结。及时追施速效氮肥，如尿素、硫酸铵、碳酸氢铵等或根外追肥，补充土壤养分损失，恢复根系生长，促弱转壮<br><br>③抽雄授粉阶段若遇长期阴雨天气，可人工辅助授粉<br><br>④加强对玉米螟、叶斑病、纹枯病和茎腐病等病害发生动态的监测与防治<br><br>⑤死苗60%以上时，重播或改种其他作物 |

涝灾评估（引自Corn Field Guide）：

①　水分饱和土壤中，植株需要的氧气大约在48小时内耗尽。

②　随涝灾时间延长，植株受害程度和死苗率增加；植株全部淹没比部分淹没受害重；6叶展前受灾较其后受害重。

③　涝渍发生后，土壤温度影响灾害程度，土温越高，受害越重。一般15℃或更低的土温条件下，植株可存活4天，温度升高，存活时间缩短。

④　洪涝退后，植株上的淤泥影响光合作用；涝渍损伤根系，使得植株抗逆能力降低。涝后形成的土壤硬壳影响出苗。

⑤　由于反硝化和淋失，大量土壤氮素流失。

⑥　涝灾后，易造成种子腐烂、幼苗枯死以及发生疯顶病。

是否毁种取决于死苗数和灾害发生时期。

# 八、高温

| 典型症状与为害 | 技术措施 |
|---|---|

（王璞　提供）

苗期遇高温幼嫩叶片从叶尖开始出现干枯，导致半叶甚至全叶干枯死亡；高温使叶片叶绿体结构破坏，光合作用减弱，呼吸作用增强，消耗增多，干物质积累下降；植株生长较弱，根系生理活性降低，易受病菌侵染发生苗期病害。拔节孕穗期遇高温加速生育进程，缩短生育期，穗分化时间缩短，雌穗小花分化数量减少，果穗变小。开花期遇高温花粉活力降低、吐丝困难、雌雄不协调、授粉结实不良，缺粒、秃尖增长；花粒期遇高温子粒灌浆速率加快，但灌浆持续期缩短，千粒重下降，最终产量降低；生育后期高温加速植株衰亡

高温持续时间长，植株叶片将大量枯死。高温成灾因干旱而加重。热害发生阶段，土壤水分不足或遇干热风，热害更重

高温常发地区，应注意：

①选育推广耐热品种。夏季高温逼熟常发生地区，选保绿性好的品种，有利于延长灌浆期而高产；或选早熟品种，在高温到来前成熟

②调节播期，使开花授粉期避开高温天气；适当降低种植密度，宽窄行种植，改善田间通风透光条件，培育健壮植株

③适期喷（灌）水，改变农田小气候。但避免高温天气中午井水灌溉导致骤然降温损伤根系

④科学施肥，健壮个体发育，减轻高温热害

⑤人工辅助授粉

# 第八部分 加 工

甜、糯玉米具有鲜、香、脆（软）、甜（黏）等特点，富含人体所必需的糖类、脂肪、蛋白质、氨基酸、维生素、矿物质和纤维素，是一种食用方便、纯天然的营养保健食品。目前，甜、糯鲜食玉米除煮嫩玉米和甜玉米青食外（图8-1，图8-2），加工产品主要有甜玉米罐头、整穗真空软包装罐头、速冻甜（糯）玉米、脱水甜（糯）玉米和甜玉米乳饮料等。甜玉米罐头又分为整粒类型、奶油状（糊状）类型。

图8-1　煮熟的甜玉米果穗　　　图8-2　甜玉米青食

## 一、甜玉米乳饮料

1. 甜玉米汁饮料加工　以乳熟期的甜玉米子粒为原料，果穗采摘到加工不超过6小时，脱粒后需筛选出杂粒、虫蛀粒、玉米芯等杂质。为使甜玉米粒软化、提高出汁率，先在95℃条件下，预煮15分钟，待糊化后加入白糖、琼脂、卡拉胶、羧甲基纤维素钠（CMC-Na）等辅料，调配时可再加入1%～5%的奶粉、豆粉、果汁和蔬菜汁等，以提高营养价

图8-3　玉米汁加工线

值，调配成不同风味及色泽的产品，满足不同客户需要。甜玉米汁均质在80℃、25兆帕压力下进行，均质后UHT杀菌，微冷却后，热灌装，121℃、20分钟高温消毒，冷却后即得成品（图8-3，图8-4）。

去苞叶、花丝

脱 粒

筛 选

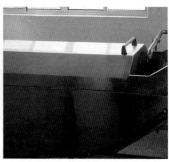

蒸 煮

磨 浆

过 滤

糊 化

调 配

真空脱气

均 质

UHT杀菌

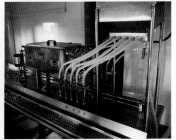
灌 装

二次杀菌

水处理

图8-4 甜玉米乳饮料加工主要环节

工艺流程：甜玉米穗→去苞叶、花丝→清洗并剔出杂质→脱粒→筛选→预煮→两次磨浆→过滤→糊化→加辅料→调配→脱气→均质→UHT杀菌→灌装→二次杀菌→冷却→包装、打码→成品。

### 2. 鲜榨玉米汁

①甜玉米鲜果穗去除苞叶、玉米须等，冲洗干净，然后用刀将子粒切下放入锅内，加入适量水，大火烧开转小火至熟。

②根据各自口味加入适量白糖，拌匀至化；放凉后，把玉米粒和煮玉米的水全部放入搅拌机中打成浆，倒进杯子里即可。

### 3. 甜玉米果汁

甜玉米可制成香甜适口的果汁及甜玉米果茶等饮料。

果汁工艺流程：原材料处理→脱粒→预煮、磨浆→配料→加热、调香、高压→装罐→杀菌→冷却→包装→成品。

## 二、速冻甜、糯玉米

速冻加工分整穗速冻、段状速冻、粒状速冻三类。原料可以用甜玉米、白糯玉米、紫糯玉米、彩色糯玉米等。

①整穗速冻玉米：采摘带苞叶的新鲜果穗→去苞叶、花丝→清洗→切段、分级→漂洗→漂烫→冷却→冰水预冷→沥干→速冻→挑选→包装→冷藏→检验（图8-5）。

加工前扒苞叶　　　　　　装筐清洗

漂洗　　　　速冻　　　　简易包装

**图8-5　甜、糯玉米速冻加工主要环节**

　　②段状速冻玉米：工艺与整穗速冻玉米基本相同，段状长度为5厘米或7厘米，不能混装，顺向逐个包装。

　　③粒状速冻玉米：采摘带苞叶的果穗→去苞叶、花丝→检验→修整→漂洗→脱粒→清洗→漂烫→冷却→挑选→冰水预冷→沥干→速冻→筛选→包装→冷藏→检验。一般用超甜玉米加工，可用于炒菜做汤，也可与青豌豆、胡萝卜丁等蔬菜一起速冻加工包装。

　　速冻玉米粒感官质量指标：浅黄色或金黄色等；粒大小均匀，无破碎粒，切口整齐，不得有花丝、苞叶及其他杂质，包装袋内无返霜现象；用开水急火煮3～5分钟，然后品尝，应具有该甜玉米品种的甜味和香味，香脆爽口。

## 三、真空软包装

　　真空软包装鲜食玉米，是将整穗或切段的鲜玉米经处理后装入多层复合膜袋或铝箔制成的包装材料中，经抽真空、密封和高温杀菌制成的产品，因其不像传统罐头那样用硬质材料作为包装材料，故称之为软罐头。软包装罐头的包装材料轻，携带、开启方便；与速冻玉米相比，具有可以常温保存和直接食用的优点。

　　甜、糯玉米真空软包装在一般的加工过程中会出现预煮、灭菌造成营养成分损失及产品色泽褐变等问题。可选用优质甜、糯玉米，对其进行营养浸泡（含一定比例的柠檬酸钠、维生素C）后直接真空包装杀菌，以此来缓解。此外，甜玉米和糯玉米果穗一起处理的结果也不尽相同，颜色变化为白糯玉米最明显，甜玉米次之，黑糯玉米基本无变化。放置一段时间后，甜玉米真空软包装的果穗口感最先发生变化，风味下降明显，而糯玉米仍能保持较好的口感。因此，在生产上，应将不同品种的玉米进行不同的工艺处理（图8-6）。

　　工艺流程：原料采收→验收→剥皮去花丝→切段→分级→清洗→水煮→冷却→晾干→装袋→真空密封→高温杀菌→冷却→成品→装箱→打包→入库（图8-7）。

**图8-6　真空软包装加工车间**

剥皮去花丝 分 级

清 洗 真空、密封 高温杀菌

**图8-7 甜、糯玉米真空软包装加工主要环节**

感官质量标准：具有本品种应有的颜色，无杂粒；具有本品种应有的滋味和气味，无不良气味；每袋中的玉米长度误差不应超过10%，直径误差不超过5%；不能有花丝、苞叶及其他杂质。

## 四、甜玉米粒罐头

1.工艺流程 原料采收→原料验收→剥皮去丝→修整→挑选→分级→清洗→脱粒→漂烫→冷却→筛选→装罐→注汤→排气→真空封罐→杀菌→冷却→保温检验→包装→入库（图8-8，图8-9）。

2.质量标准

（1）感官指标 组织与形态：在室温下开罐，滤去汤汁，玉米粒应比较完整，允许有部分半粒玉米，软硬适度；色泽：玉米粒呈淡黄色至金黄色，汤汁稍浑浊，允许有少量沉淀；滋味与气味；具有甜玉米罐头应有的滋味与气味，无不良气味。

（2）理化指标 净重：应符合罐型规定的净重要求，允许公差±5%，每批产品平均净重不低于标明重量；固形物：不低于净重的55%，允许公差±3%，每批产品平均固形物不低于标明重量；食盐含量0.5%～1.2%；锡（以Sn计）≤150毫克／千克，铜（以Cu

计)≤5.0毫克／千克，铅(以Pb计)≤1.0毫克／千克，砷(以As计)≤0.5毫克／千克。

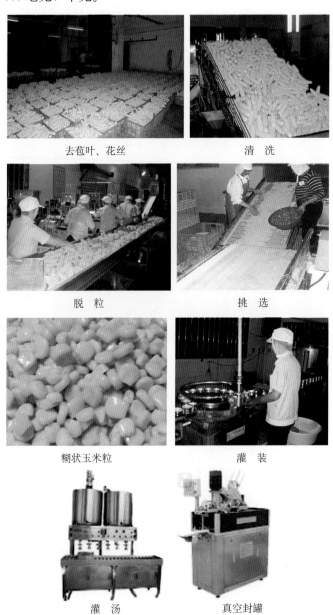

去苞叶、花丝　　　　　清　洗

脱　粒　　　　　挑　选

糊状玉米粒　　　　　灌　装

灌　汤　　　　　真空封罐

杀　菌

罐装玉米粒

**图8-8　甜玉米粒罐头加工主要环节**

**图8-9　罐装玉米粒加工车间**

(3)卫生指标　微生物检测指标符合商业无菌要求。

## 五、酿酒

用普通玉米或糯玉米作黄酒发酵原料。黄酒根据糖的含量分为：甜黄酒（含糖10%以上）、半甜黄酒（含糖3%～10%）、干黄酒（含糖0.5%～3%）、黄酒（含糖0.5%以下）。

甜黄酒工艺流程：玉米渣→清洗→浸米→蒸饭→水冷却→落缸→加曲→投酒→澄清→压榨→灭菌→装坛→成品。

干黄酒工艺流程：玉米渣→清洗→浸米→蒸饭→糅合→加曲（加酶）→入坛→发酵→压榨→澄清→灭菌→贮存→过滤→成品。

# 附录1 国家鲜食玉米记载项目和标准（试行）

一、生育期（见表1-1）

二、植株性状

（一）株高：在乳熟期选有代表性的植株10 ~ 20株，从地面量至雄穗顶端的高度，求其平均值，以厘米表示。

（二）穗位高：与测株高同时进行。从地面量至第一果穗着生节的高度，求其平均值，以厘米表示。

（三）株型：抽雄后目测，分紧凑、半紧凑、松散等型记载。

（四）保绿度：目测成熟后茎叶呈绿色的百分率。

（五）双穗株率：成熟后调查植株结有双穗（第二穗为成品穗）的株数占全小区植株数的百分率。

（六）空秆率：成熟后调查不结果穗、或有果穗而不结子粒的株数占全小区植株数的百分率。

（七）分蘖率：抽雄后调查带分蘖株数占全小区植株数的百分率。

（八）抗倒性：大风雨后记载倒伏日期，植株倾斜度大于45°的株数占全小区总株数的百分率，并注明茎倒或根倒。

三、果穗性状（一般随机连续取样10穗测量）

（一）穗长：量穗基至穗顶端长度，求其平均值，以厘米表示。

（二）穗粗：将取样果穗头、尾相间排成一行，量果穗中间的直径，求其平均值，以厘米表示。

（三）秃尖长：量果穗顶端不结实部分的长度，求其平均值，以厘米表示。

（四）穗形：分圆筒形、长锥形、短锥形记载。

（五）穗行数：计数果穗中部的子粒行数，求其平均值。

（六）行粒数：每穗对称数2行再除以2，为每行粒数，然后求其平均值。

（七）粒型：以多数果穗中部粒型为准，主要分马齿、半马齿、硬粒、半硬粒4种类型。

（八）粒色：分黄、白、紫等色。

（九）果穗旗叶长短：量果穗顶端露出苞叶的长度，求其平均值，以厘米表示。

（十）百粒重：取鲜子粒100粒称重，重复2次，求其平均数，以克表示。

（十一）出籽率：以小区为单位，测量一个小区内平均每株果穗的鲜子粒重，除以鲜果穗重，再乘以100%。

## 四、产量

**（一）鲜整穗产量**

1. 小区产量：称取样区的鲜果穗重量（去苞叶）。

2. 折合亩产量：将小区产量折算成亩产量。

**（二）鲜子粒产量**

1. 小区产量：称小区的全部鲜果穗脱粒后的子粒鲜重。

2. 折合亩产量：将小区产量折算成亩产量。

3. 甜玉米子粒深度：取甜玉米有代表性的鲜果穗5穗，在果穗中部截断，测定整棒直径与棒轴粗度的差值。用厘米表示，保留1位小数。

## 五、鲜食玉米理化指标

由指定单位制备干样，送有关检测中心检测。甜、糯玉米理化指标按国家或行业标准执行。

## 六、鲜食玉米感官等级指标（见第三章表3-5）

## 七、抗病鉴定（病虫害分区分组调查安排）

甜、糯鲜食玉米（特种玉米B组）：

1. 东华北B组　大斑病、丝黑穗病。

2. 黄淮海B组　小斑病、瘤黑粉病、茎腐病、矮花叶病。

3. 西南B组　大斑病、小斑病、丝黑穗病、纹枯病。

4. 东南B组　大斑病、小斑病、茎腐病。

# 附录2　玉米田间调查方法

（一）植株性状调查（郭庆法等，2004）

1.可见叶数　拔节前心叶露出2厘米，拔节后露出5厘米时为该叶的可见期。新的可见叶与其以下叶数相加，即为可见叶数。

2.展开叶数　上一叶的叶环从前一展开叶的叶鞘中露出，两叶的叶环平齐时为上一叶的展开期。新展开叶与其以下已展开叶数相加，即为展开叶数。

玉米生育中后期由于下部叶片脱落，难以判断叶位，可采用下列方法：每个茎节上生长1个叶片，基部4个节在根冠处通常难以区分，第五节距1～4节有1～2厘米，以此，通过辨认节位来判断叶位（附图2-1）。

3.见展叶差　见展叶差＝可见叶数－展开叶数。

4.叶龄指数　叶龄指数＝主茎展开叶片数／主茎总叶片数。

5.叶面积与叶面积指数　叶面积只计算绿叶的面积，叶片变黄部分超过50%时，即不予计算。逐叶测量叶片长度（中脉长度，可见叶为露出部分的长度）和最大宽度，单叶叶面积＝叶片长度×最大宽度×0.75。单株叶面积为全株单叶叶面积之和，单位土地面积上的总叶面积则为平均单株叶面积与总株数之积。叶面积指数LAI＝该土地面积上的总叶面积／土地面积。

6.群体整齐度　玉米群体整齐

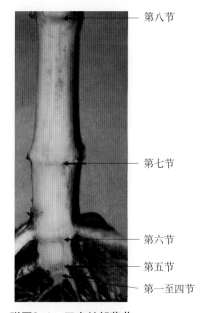

附图2-1　玉米基部茎节
（引自Corn Field Guide）

第八节

第七节

第六节

第五节

第一至四节

度一般指株高整齐度，用变异系数的倒数表示。选有代表性的玉米植株，连续测量15～20株，以地面至雄穗顶部的高度（厘米）计算株高平均值（$X$）和标准差（$S$），整齐度＝$X/S$。

7. 经济系数 经济系数是指经济产量在生物产量中所占的比例，也称收获指数。经济系数（$K$）＝子粒干重（克）/植株总干重（克）。

8. 倒伏度 植株倒伏倾斜度大于45°作为倒伏指标。倒伏程度分轻（Ⅰ）、中（Ⅱ）、重（Ⅲ）三级。倒伏植株占1/3以下者为轻，1/3～2/3者为中，超过2/3者为重。

9. 玉米病、虫调查记载

病、虫株率＝（病、虫为害株数/调查总株数）×100%

病情指数＝[Σ（各病级×该病级的株数）/（调查总株数×最高病级数）]×100

（二）种植密度调查

距田头4米以上选取样点，计算出平均行距(米)；连续测量21株的距离，除以20，计算出平均株距(米)。

玉米种植密度（株/亩）=666.7米²/（平均行距×平均株距）

田间速测法：调查6.67米²种植面积中的植株数，再扩大100倍即为1亩地植株密度。例如，平均行距为40厘米，调查16.67米行长中植株数量，如为46株，则种植密度为4 600株/亩。为保证准确度，调查时可选3～5行，取平均数（附表2-1）。

附表2-1 不同行距下1/100亩行长表

| | 平均行距（厘米） | | | | | | | |
|---|---|---|---|---|---|---|---|---|
| | 40 | 45 | 50 | 55 | 60 | 65 | 70 | 75 |
| 调查长度(米) | 16.67 | 14.82 | 13.33 | 12.12 | 11.11 | 10.26 | 9.52 | 8.89 |

# 附录3 禁用和限用的农药

## 一、国家禁止使用的农药名录

附表3-1 我国禁止使用的33种农药

| 中文通用名 | 英文通用名 |
|---|---|
| 甲胺磷 | methamidophos |
| 甲基对硫磷 | parathion-methyl |
| 对硫磷 | parathion |
| 久效磷 | monocrotophos |
| 磷胺 | phosphamidon |
| 六六六 | BHC |
| 滴滴涕 | DDT |
| 毒杀芬 | strobane |
| 二溴氯丙烷 | dibromochloropropane |
| 杀虫脒 | chlordimeform |
| 二溴乙烷 | EDB |
| 除草醚 | nitrofen |
| 艾氏剂 | aldrin |
| 狄氏剂 | dieldrin |
| 汞制剂 | mercury compounds |
| 砷类 | arsenide compounds |
| 铅类 | plumbum compounds |
| 敌枯双 | Bis-ADTA |
| 氟乙酰胺 | fluoroacetamide |
| 甘氟 | gliftor |
| 毒鼠强 | tetramine |
| 氟乙酸钠 | sodium fluoroacetate |
| 毒鼠硅 | silatrane |
| 苯线磷* | fenamiphos |
| 地虫硫磷* | fonofos |
| 甲基硫环磷* | phosfolan-methyl |
| 磷化钙* | calcium phosphide |
| 磷化镁* | magnesium phosphide |

（续）

| 中文通用名 | 英文通用名 |
|---|---|
| 磷化锌* | zinc phosphide |
| 硫线磷* | cadusafos |
| 蝇毒磷* | coumaphos |
| 治螟磷* | sulfotep |
| 特丁硫磷* | terbufos |

注：1. 带有"*"的品种，自2011年10月31日停止生产，2013年10月31日起停止销售和使用。

2. 2013年10月31日之前禁止苯线磷、地虫硫磷、甲基硫环磷、硫线磷、蝇毒磷、治螟磷、特丁硫磷在蔬菜、果树、茶树、中草药材上使用。禁止特丁硫磷在甘蔗上使用。

## 二、国家限制使用的农药名录

### 附表3-2　限制使用的17种农药

| 中文通用名 | 英文通用名 | 禁止使用作物 |
|---|---|---|
| 甲拌磷 | phorate | 蔬菜、果树、茶树、中草药材 |
| 甲基异柳磷 | isofenphos-methyl | 蔬菜、果树、茶树、中草药材 |
| 内吸磷 | demeton | 蔬菜、果树、茶树、中草药材 |
| 克百威 | carbofuran | 蔬菜、果树、茶树、中草药材 |
| 涕灭威 | aldicarb | 蔬菜、果树、茶树、中草药材 |
| 灭线磷 | ethoprophos | 蔬菜、果树、茶树、中草药材 |
| 硫环磷 | phosfolan | 蔬菜、果树、茶树、中草药材 |
| 氯唑磷 | isazofos | 蔬菜、果树、茶树、中草药材 |
| 水胺硫磷 | isocarbophos | 柑橘树 |
| 灭多威 | methomyl | 柑橘树、苹果树、茶树、十字花科蔬菜 |
| 硫丹 | endosulfan | 苹果树、茶树 |
| 溴甲烷 | methyl bromide | 草莓、黄瓜 |
| 氧乐果 | omethoate | 甘蓝、柑橘树 |
| 三氯杀螨醇 | dicofol | 茶树 |
| 氰戊菊酯 | fenvalerate | 茶树 |
| 丁酰肼（比久） | daminozide | 花生 |
| 氟虫腈 | fitronil | 除卫生用、玉米等部分旱田种子包衣剂外的其他用途 |

按照《农药管理条例》规定，任何农药产品都不得超出农药登记批准的使用范围使用。

# 附录4 复合肥用量估算方法与常用肥料品种及特性

## 一、复合肥用量估算方法

以玉米目标产量600千克／亩为例：

按亩产600千克需施纯氮15千克、五氧化二磷3千克、氧化钾5千克计算，若选用复合肥品种为含氮10%、五氧化二磷10%、氧化钾10%的三元素复合肥，以亩施纯量最少的五氧化二磷计算，计算步骤为：

① 亩施五氧化二磷 3千克需要三元素复合肥量为3÷10% =30（千克）。

② 30千克复合肥含纯氮量为30×10% =3（千克）。

③ 30千克复合肥含氧化钾量为30×10% =3（千克）。

由上计算可知，施用30千克三元素复合肥只能满足五氧化二磷3千克需求，纯氮、氧化钾不能满足，需补充：纯氮：15−3=12（千克）；氧化钾：5−3=2（千克）。

再选用氮肥、钾肥品种，根据需补充纯氮、氧化钾量计算相应实物量。

若补充氮肥选用尿素，则需补施尿素12÷46% =26.1（千克）。

若补充氧化钾选用氯化钾，则需补施氯化钾2÷60% =3.3（千克）。

## 二、常用肥料品种及特性

见附表4-1。

附表4-1 常用肥料品种及特性

| 肥料名称 | 化学分子式 | 传统分类 | 主要养分含量 | 其他养分含量 | 吸湿性 | 水溶性 | 酸碱性 |
|---|---|---|---|---|---|---|---|
| 尿素 | $CO(NH_2)_2$ | 氮肥 | N 46% | | 差 | 高 | 中性 |
| 碳酸氢铵 | $NH_4HCO_3$ | 氮肥 | N 17% | | 高 | 高 | 中性 |
| 硫酸铵 | $(NH_4)_2SO_4$ | 氮肥 | N 21% | S 24% | 高 | 高 | 酸性 |
| 氯化铵 | $NH_4Cl$ | 氮肥 | N 25% | Cl 66% | 高 | 高 | 酸性 |
| 过磷酸钙 | | 磷肥 | $P_2O_5$ 12% | S 12%、CaO 27% | 中 | 差 | 酸性 |
| 磷酸二铵 | $(NH_4)_2HPO_4$ | 复混肥 | $P_2O_5$ 46%、N 18% | | 差 | 高 | 微酸碱性 |
| 磷酸一铵 | $NH_4H_2PO_4$ | 复混肥 | $P_2O_5$ 48%、N 11% | | 差 | 高 | 微酸性 |
| 钙镁磷肥 | | 磷肥 | $P_2O_5$ 18% | CaO 25%、MgO 14% | 差 | 差 | 微碱性 |
| 重过磷酸钙 | | 磷肥 | $P_2O_5$ 46% | S 1%、CaO 12% | 差 | 中 | 微酸性 |
| 硝酸磷肥 | | 复合肥 | N 27%、$P_2O_5$ 13% | CaO 20% | 中 | 高 | 酸性 |
| 磷酸二氢钾 | $KH_2PO_4$ | 复合肥 | $P_2O_5$ 52%、$K_2O$ 34% | | 差 | 高 | 中性 |
| 氯化钾 | KCl | 钾肥 | $K_2O$ 60% | Cl 47% | 差 | 高 | 中性 |
| 硫酸钾 | $K_2SO_4$ | 钾肥 | $K_2O$ 50% | S 18% | 差 | 高 | 中性 |
| 硝酸钾 | $KNO_3$ | 复合肥 | $K_2O$ 45%、N 13% | | 差 | 高 | 中性 |
| 硝酸钙 | $Ca(NO_3)_2$ | 氮肥 | N 15% | CaO 20% | 高 | 高 | 微酸性 |

（续）

| 肥料名称 | 化学分子式 | 传统分类 | 主要养分含量 | 其他养分含量 | 吸湿性 | 水溶性 | 酸碱性 |
|---|---|---|---|---|---|---|---|
| 硝酸镁 | $Mg(NO_3)_2$ | 氮肥 | N 18% | Mg 16% | 差 | 高 | 微酸性 |
| 硫酸镁 | $MgSO_4$ | 镁肥、硫肥 | Mg 20%，S 26% | | 差 | 高 | 中性 |
| 硫黄 | S | 硫肥 | S 100% | | 差 | 差 | 中性 |
| 石膏 | $CaSO_4$ | 石灰材料 | CaO 29%，S 18% | | 差 | 差 | 中性 |
| 方解石 | $CaCO_3$ | 石灰材料 | CaO 40% | | 差 | 差 | 微碱性 |
| 硫酸亚铁 | $FeSO_4 \cdot 7H_2O$ | 微肥 | Fe 20% | S 11% | 中 | 高 | 微酸性 |
| 硫酸锌 | $ZnSO_4 \cdot 7H_2O$ | 微肥 | Zn 20% | S 10% | 高 | 高 | 微酸性 |
| 硫酸锰 | $MnSO_4 \cdot H_2O$ | 微肥 | Mn 32% | S 18% | 差 | 高 | 微酸性 |
| 硫酸铜 | $CuSO_4 \cdot 5H_2O$ | 微肥 | Cu 25% | S 12% | 中 | 高 | 微酸性 |
| 硼砂 | $Na_2B_4O_7 \cdot 10H_2O$ | 微肥 | B 10% | | 差 | 高 | 微碱性 |
| 硼酸 | $H_3BO_3$ | 微肥 | B 16% | | 差 | 高 | 微酸性 |
| 钼酸铵 | $(NH_4)_6Mo_7O_{24} \cdot 4H_2O$ | 微肥 | Mo 54% | N 6% | 差 | 高 | 中性 |
| 钼酸钠 | $Na_6Mo_7O_{24}$ | 微肥 | Mo 56% | Na 11% | 差 | 高 | 微碱性 |

摘自：全国农业技术推广服务中心编写《春玉米测土配方施肥技术》，2011。

# 附表5 常规肥料混配一览表

**图例：**
- ○ 可以混合
- ● 混合后不宜久放
- × 不可混合

**肥料编号：**

| 编号 | 肥料名称 |
|---|---|
| 1 | 硫酸铵 |
| 2 | 硝酸铵 |
| 3 | 氨水 |
| 4 | 碳酸氢铵 |
| 5 | 尿素 |
| 6 | 石灰氮 |
| 7 | 氯化铵 |
| 8 | 过磷酸钙 |
| 9 | 钙镁磷肥 |
| 10 | 钢渣磷肥 |
| 11 | 沉淀磷肥 |
| 12 | 脱氟磷肥 |
| 13 | 重过磷酸钙 |
| 14 | 磷矿粉 |
| 15 | 硫酸钾 |
| 16 | 氯化钾 |
| 17 | 窑灰钾肥 |
| 18 | 磷酸铵 |
| 19 | 硝酸磷肥 |
| 20 | 钾氮混肥 |
| 21 | 氨化过磷酸钙 |
| 22 | 草木灰、石灰 |
| 23 | 粪、尿 |
| 24 | 新鲜厩肥、堆肥 |

常规肥料混配一览表（三角形对照表，横纵坐标均为肥料编号 1～24，对应关系以图例符号 ○、●、× 表示）

摘自：全国农业技术推广服务中心编写《夏玉米测土配方施肥技术》，2011。

# 附录6　农药配比方法及浓度速查表

## 1. 农药配制方法

①液体农药的稀释。液体量少时可以直接稀释。需要配制较多药量时，最好采取二步配制法，即用少量水将农药原液先配成母液，再将母液按比例稀释。

②可湿性粉剂的稀释。应采用二步配制法，即先用少量水配成较浓稠的母液，再将母液按要求稀释。

③粉剂农药的稀释。主要是利用填充料稀释。先取草木灰、米糠、干细泥等，再将所需的粉剂农药混入搅拌，反复添加，直到所需倍数。

④颗粒剂农药的稀释。利用适当的填充料与之混合（可用干燥的沙土或中性化肥作填充料），按一定比例搅匀。

## 2. 注意事项

不要用污水和井水配药，因为污水内杂质多，容易堵塞喷头，还会破坏药剂悬浮性而产生沉淀；而井水含矿物质较多，与农药混合后易产生化学作用，形成沉淀，降低药效。最好用清洁的河水配药。农药配制浓度见附表6-1。

附表6-1　农药配比速查表

| 稀释浓度 | 15千克水加药量（克或毫升） | 25千克水加药量（克或毫升） | 50千克水加药量（克或毫升） |
|---|---|---|---|
| 100倍液 | 150.00 | 250.00 | 500.00 |
| 200倍液 | 75.00 | 125.00 | 250.00 |
| 300倍液 | 50.00 | 83.50 | 167.00 |
| 500倍液 | 30.00 | 50.00 | 100.00 |
| 600倍液 | 25.00 | 41.50 | 83.00 |
| 800倍液 | 18.75 | 31.25 | 62.50 |
| 1 000倍液 | 15.00 | 25.00 | 50.00 |
| 1 200倍液 | 12.50 | 20.85 | 41.70 |
| 1 500倍液 | 10.00 | 16.65 | 33.30 |
| 2 000倍液 | 7.50 | 12.50 | 25.00 |
| 2 500倍液 | 6.00 | 10.00 | 20.00 |
| 3 000倍液 | 5.00 | 8.35 | 16.70 |

# 附录7 玉米种子质量标准及简单鉴别方法

## 一、玉米种子质量标准

种子质量包括两个方面：一是种子的品种属性，二是种子的播种品质。品种属性指品种纯度、丰产性、抗逆性、早熟性、产品的优质性及良好的加工工艺品质等。播种品质是指种子的充实饱满度、净度、发芽率、水分、活力及健康度等。高质量的种子应当兼有优良的品种属性和良好的播种品质，缺一不可。

国家对玉米种子质量实施强制性标准（GB4404.1—2008中华人民共和国国家标准《粮食作物种子第一部分：禾谷类》，2008年9月1日实施），质量指标包括：纯度、发芽率、水分和净度四项。玉米杂交种纯度指标是≥96%、净度≥99%、发芽率≥85%、水分≤13%。质量指标是指生产商必须承诺和标注的。

## 二、玉米种子质量的简单鉴别

1. **看种子的包装是否标准** 正规的合格种子，其包装袋上应注明作物名称、种子类别和种子净重量。包装袋内外应附有种子标签，标签上注明作物名称、种子类别、品种名称和品种审定编号、产地和生产时间、产地检疫证明或证书编号、种子净重量、种子质量（发芽率、纯度、净度和水分）、生产商名称和生产许可证编号、联系地址和电话及注意事项等内容。

2. **观看种子外形** 如果杂交种中混入了异品种种子，则可以根据子粒类型的不同而鉴别。

3. **目测种子的成色** 玉米种子的颜色通常有红、黄、白、紫等，纯度越高的种子颜色越均一。购买时看种子有无光泽可判断种子的新陈，色泽鲜亮是新收获的种子，色泽较暗的可能是隔年陈种。

4. **看种子包衣与外包装情况** 看种子是否经过包衣加工，并且是定量小袋包装，外包装是否完整、规范、统一、清晰。

## 三、种子购买时的其他注意事项

1.**看经营单位的可信度** 农户购买种子不能贪图便宜，切不可在流动摊贩处购买，要到正规的公司或者委托代销点购买。

2.**技术咨询** 在购买新品种种子时，首先要问清该品种是否经过审定，未经审定的品种不能购买、使用；其次问清品种特征特性、栽培技术，并索要品种介绍等资料，认真咨询所购买的种子是否适宜当地种植。特别应该注意的是：外地引进的种子，即使是经过国家审定的品种也要经过本地区试验示范后确认适宜种植，才能购买、使用。

3.**索要发票** 无论在何处购买种子，都要向销售方索要购种票据，票据要详细注明所购种子的品名、数量、生产地等，并妥善保存。

4.**保留样本和包装袋** 播种时不要将种子全部用完，要有意保留一点作样本，以便对种子质量进行跟踪。

## 四、玉米种子活力鉴别法

1.**外观目测法** 用肉眼观察玉米种胚形状和色泽。凡颜色鲜亮有光泽的种子为当年产新种子，生活力强，可作生产用种。

2.**红墨水染色法** 以1份市售红墨水加19份自来水配成染色剂；随机抽取100粒种子，用水浸泡2小时，让其吸胀；用镊子把吸胀的种胚、乳胚一一剥出；将处理后种子均匀置于培养器皿内，注入染色剂，以淹没种子为度，染色15～20分钟后，倾出染色剂，用自来水反复冲洗种子。死种胚、胚乳呈现深红色，活种胚不被染色或略带浅红色，据此判断活种子数及所占比例。

3.**浸种催芽法** 将100粒用水浸约2小时吸胀，放于湿润草纸上，盖以湿润草纸，置于氧气充足、室温10～20℃环境中，让种子充分发芽。第4天记载发芽势，第7天计算发芽率。

发芽势＝（3天内发芽的种子粒数／供发芽种子粒数）×100%

发芽率＝（全部发芽的种子粒数／供试种子粒数）×100%

# 附录8  如何鉴别真假化肥

（全国农业技术推广服务中心，2011）

（一）包装鉴别法

1. 标志鉴别　国家有关部门规定，化肥包装袋上必须注明产品名称、养分含量、等级、商标、净重、标准代号、厂名、厂址、生产许可证代号等。如果没有上述标志或标志不完整，则可能是假冒或劣质化肥。

2. 检查包装袋封口　对包装封口有明显拆痕的化肥要特别注意，这是有可能掺假的现象。

（二）形状、颜色鉴别法

① 尿素为白色或淡黄色，呈颗粒状、针状或棱柱状结晶体，无粉末或少有粉末。

② 硫酸铵除副产品外为白色晶体。

③ 氯化铵为白色或淡黄色结晶。

④ 碳酸氢铵呈白色颗粒状结晶，也有厂家生产大颗粒扁球形状碳酸氢铵。

⑤ 过磷酸钙为灰白色或浅灰色粉末。

⑥ 重过磷酸钙为深灰色、灰白色颗粒或粉末。

⑦ 硫酸钾为白色晶体或粉末。

⑧ 氯化钾为白色或淡红色颗粒。

（三）气味鉴别法

有明显刺鼻氨味的颗粒是碳酸氢铵；有酸味的细粉是重过磷酸钙；如果过磷酸钙有很刺鼻的酸味，则说明生产过程中很可能使用了废硫酸。这种化肥有很大的毒性，极易损伤或烧伤作物。

需要注意的是，有些化肥虽是真的，但有效物质含量很低，属于劣质化肥，肥效不大，购买时应请专业人员鉴定。

# 主 要 参 考 文 献

白翠云，侯本军.2009.鲜食甜、糯玉米栽培技术[M].海口：海南出版社.

陈捷，薛春生，刘志诚，等.2003.玉米病虫害诊断与防治[M].北京：金盾出版社.

陈山虎，林建新，纪荣昌，等.2009.鲜食玉米栽培[M].福州：福建科学技术出版社.

郭庆法，王庆成，汪黎明.2004.中国玉米栽培学[M].上海：上海科学技术出版社.

李少昆，赖军臣，明博.2009.玉米病虫草害诊断专家系统[M].北京：中国农业科学技术出版社.

马国瑞.2002.农作物营养失调症原色图谱[M].北京：中国农业出版社.

全国农业技术推广服务中心.2011.春玉米测土配方施肥技术[M].北京：中国农业出版社.

全国农业技术推广服务中心.2011.夏玉米测土配方施肥技术[M].北京：中国农业出版社.

石洁，王振营.2011.玉米病虫害防治彩色图谱[M].北京：中国农业出版社.

王晓鸣，石洁，晋齐鸣，等.2010.玉米病虫害田间手册：病虫害鉴别与抗性鉴定[M].北京：中国农业科学技术出版社.

徐秀德，刘志恒.2009.玉米病虫害原色图谱[M].北京：中国农业科学技术出版社.

张玉聚，孙化田，楚桂芬.2006.除草剂安全使用与药害诊断原色图谱[M].北京：金盾出版社.

IOWA STATE UNIVERSITY EXTENSION.2009.Corn Field Guide[M].SOY INK.

**图书在版编目（CIP）数据**

南方地区甜、糯玉米田间种植手册 / 李少昆等著
. —2版. —北京：中国农业出版社，2013.12（2014.12重印）
（玉米田间宝典丛书）
ISBN 978-7-109-18424-4

Ⅰ．①南…　Ⅱ．①李…　Ⅲ．①玉米-栽培技术-手册
Ⅳ．①S513-62

中国版本图书馆CIP数据核字（2013）第236764号

**中国农业出版社出版**
（北京市朝阳区农展馆北路2号）
（邮政编码　100125）
责任编辑　舒　薇

中国农业出版社印刷厂印刷　　新华书店北京发行所发行
2014年5月第2版　　2014年12月第2版北京第2次印刷

开本：880mm×1230mm　1/32　印张：4.5
字数：132千字　印数：10 001～15 000册
定价：23.00元
（凡本版图书出现印刷、装订错误，请向出版社发行部调换）